# Das Gemini Programm

## Technik und Geschichte

# Das Gemini Programm

## Technik und Geschichte

### Vierte, erweiterte Auflage

Bibliografische Information der Deutschen Nationalbibliothek.
Die Deutsche Nationalbibliothek verzeichnet diese Publikation in der Deutschen Nationalbibliografie; detaillierte bibliografische Daten sind im Internet über http://dnb.d-nb.de abrufbar.

Edition Raumfahrt kompakt
© 2008 - 2014 Bernd Leitenberger
http://www.raumfahrtbuecher.de
Herstellung und Verlag: BoD - Books on Demand, Norderstedt
4. Auflage 2014
ISBN-13: 978-3735762405

# Inhaltsverzeichnis

# Vorwort

Das Buch über das Gemini Programm war das erste von mir veröffentlichte Werk. Diesem sind in den letzten zwei Jahren sechs weitere gefolgt. Obwohl das Buch über Gemini mein Erstes und mit 68 Seiten recht dünn war – weil ich mir damals nicht vorstellen konnte, dass es viele Käufer finden wird – ist es das Meistverkaufte. Ich hoffe, dies bleibt auch bei der Neuauflage so, auch wenn der Umfang auf fast das Doppelte angestiegen ist. Die dritte Auflage war notwendig, da bei der Übertragung vom Manuskript zum Buchdruck einige Abbildungen „verloren" gingen. Sie ist inhaltlich weitgehend identisch zur zweiten Auflage.

Geblieben ist der Charakter einer Broschüre über das Geminiprogramm, mit Mut zur Lücke. Ichhabe mich darauf konzentriert, was ich für wesentlich hielt: die Beschreibung der Hardware, sowohl des Raumschiffs wie auch der Trägerrakete und der Agena Oberstufe. Die Philosophiegedanken zu Gemini, das Bodennetzwerk inklusive Mission Control und die Projektgeschichte werden nur kurz gestreift. Gleiches gilt für das Astronautentraining und deren Aktivitäten außerhalb der Missionen sowie ihre Lebensläufe.

Neu hinzugekommen sind die Pläne für weitergehende Gemini Missionen. Stark erweitert wurde der Abschnitt über MOL und Blue Gemini. Erweiterungen gab es auch in fast allen anderen Kapiteln. Wer meine Website zu Raumfahrtthemen kennt, weiß, dass mein Hauptaugenmerk der Technik und Geschichte gilt und so ist es auch bei diesem Buch. Die Missionsbeschreibungen habe ich nur moderat ergänzt.

Die Literaturliste habe ich um empfehlenswerte Bücher ergänzt, die nicht nur vertiefend über Gemini informieren, sondern auch die Aspekte abdecken, die hier aus Platzgründen zu kurz kommen, wie die Astronautenbiographien. Gerade diese persönlichen Erfahrungen, die für viele den Reiz der bemannten Raumfahrt ausmachen, sollten Sie aus erster Hand vermittelt bekommen und nicht von mir nacherzählt. Die angegebenen Websites der NASA informieren dagegen detaillierter über die Projektgeschichte von Gemini.

Besonderen Dank schulde ich Lukas Graber, der das Manuskript korrekturgelesen und zahlreiche Verbesserungsvorschläge eingebracht hat.

# Das Gemini Programm

Projekt Gemini wurde, wie das Mercury Programm, in sehr kurzer Zeit durchgeführt. Es wurde am 7.12.1961 von der NASA beantragt und schon am 3.1.1962 genehmigt. Es begann zuerst als Mercury Mark II Programm. Nach den ursprünglichen Planungen sollte es schon im März 1965 beendet sein. Es war von vornherein als Vorbereitungsprogramm für Apollo konzipiert. Dieses war im Mai 1961 von Kennedy initiiert worden.

Als Ziele wurden damals genannt:

* Langzeitflüge mit zwei Astronauten bis zu 14 Tagen Dauer.
* Training von Rendezvous-Manövern
* Punktgenaue Landungen auf dem Festland
* Eine größere Anzahl trainierter Astronauten und mehr Erfahrung im Weltraum
* Kosten- und Zeitersparnis für Apollo (weniger Erdorbitmissionen nötig, Benutzung preiswerterer Hardware).

Es fehlt in der Liste die Arbeit im Weltraum (**E**xtra**v**ehicular **A**ctivity = EVA, sogenannte Weltraumspaziergänge), welche erst später dazu kam. Nach den ersten Planungen sollten die Gemini Kapseln auf dem Land niedergehen, aktiv gesteuert durch die Piloten. Dies sollte einen sehr großen Kostenfaktor – die Flotte der Navy im Landegebiet, die aus einem Flugzeugträger, mehreren Zerstörern und einigen Beobachtungsflugzeugen bestand – reduzieren. Die NASA bekam diese Dienstleistung vom Verteidigungsministerium nicht umsonst; sie musste dafür, wie auch für die Titan Trägerraketen, bezahlen.

Relativ früh legte sich die NASA auf die Titan 2 als Trägerrakete fest, auch wenn die Air Force die Titan 3 vorschlug. Die NASA fürchtete aber, sie stünde nicht rechtzeitig zur Verfügung. (Die erste Titan 3A startete am 2.9.1964, die erste Titan 3C am 18.6.1965 – die von der USAF favorisierte Titan 3C wäre damit in der Tat erst 14 Monate nach der Gemini 1 Mission verfügbar gewesen).

Ebenfalls schon 1961 vorgesehen, war die Kopplung an eine modifizierte Agena Oberstufe und die Vergabe des Auftrags für das Raumschiff an McDonnell. Da diese Firma die Mercury Kapsel fertigte und zuerst nur an eine angepasste Version von Mercury gedacht wurde, hätten so Kosten und Zeit gespart werden können.

Das Raumschiff sollte nach den ersten Planungen 2.380 kg beim Start wiegen. Es war auch ein Startabbruchssystem mit einer Rettungsrakete bei diesem ersten Entwurf vorgesehen. 15 Flüge waren vorgesehen, die letzten drei wahlweise auch mit wiederverwendeten Kapseln. Bestellt wurden trotzdem 15 Kapseln. Der erste unbemannte Flug sollte im Mai 1963 erfolgen, der Letzte im März 1965. Die folgende Tabelle enthält die damals geschätzten Kosten von Mercury Mark II:

| (In Millionen Dollar) | Finanzjahr 1962 | Finanzjahr 1963 | Programmdurchführung | Gesamt |
|---|---|---|---|---|
| Raumfahrzeuge | 42,6 | 77,5 | 120,4 | 240,5 |
| Titan 2 Modifikationen | 27 | 47 | 39 | 113 |
| Atlas Agena | 5,2 | 20 | 62,8 | 88 |
| Bodenunterstützung | 1 | 14,25 | 43,7 | 48,95 |
| Entwicklungsarbeiten | 0 | 5 | 24 | 29 |

Ursprünglich waren 531 Millionen Dollar für das Programm veranschlagt. Schon im Haushaltsjahr 1963 war dieser Betrag auf 780,4 Millionen geklettert. 1964 überschritten die Kosten die Milliardengrenze. Vor allem die Entwicklungskosten der Kapseln explodierten. Sie kosteten dreimal so viel wie veranschlagt. Die Gesamtkosten von Gemini betrugen 1.283 Millionen Dollar für die NASA und weitere 61 Millionen für die USAF (für Anpassungen der Titan sowie eigene Experimente, die bei Gemini mitflogen). Dies entspricht nach NASA Angaben 7,2 Milliarden Dollar im Wert von 2009. Die 10 bemannten Missionen wurden in einem Zeitraum von nur 20 Monaten absolviert – ungefähr alle zwei Monate ein Start. Diese Startfrequenz sollte die NASA auch mit dem Space Shuttle, einem wiederverwendbaren Gefährt, nur wenige Male übertreffen.

Der Ursprung Geminis lag in einer „Mark II Mercury" Studie, welche eine verbesserte Mercury Kapsel für zwei Astronauten und längeren Verweilzeiten im All vorschlug. Im Laufe des Jahres 1961 gab es immer mehr Vorschläge, was „Mark II" leisten sollte, um als Apollo Vorbereitungsprogramm zu fungieren. Es wurde dabei immer klarer, dass die NASA dazu ein weitgehend neues Raumschiff brauchte. Es reichte nicht aus, die Mercury Kapseln etwas zu vergrößern und mehr Vorräte mitzuführen. Es ist daher auch nicht verwunderlich, dass Gemini erheblich teurer als Mercury Mark II wurde, denn schließlich sollte es erheblich mehr leisten als dieses. Auch der Zeitplan war daher nicht einzuhalten.

Der Name „Gemini" wurde aus mehreren Gründen bevorzugt. Zum einen, weil der Übergang zu einer Zweimannbesatzung nach einem neuen Namen verlangte. Zum anderen, weil zwölf Flüge geplant waren und das Sternbild Zwillinge (englisch „Gemini") eines von zwölf Tierkreiszeichen war. Zuletzt weil das Symbol für dieses Tierkreiszeichen ∏ an die Ursprünge als „Mark II" Programm erinnerte. Der Vorschlag stammte von Al Nagy, einem Ingenieur im Direktorat für bemannte Raumflüge, der ihn am 11.12.1961 an George Low, Leiter des Direktorats, sandte. Schon am 3.1.1962

benannte die NASA offiziell Mercury Mark II in „Gemini". Andere Vorschläge, die in die Endaus-
wahl kamen, waren „Diana", „Valiant" und „Orpheus".

Die Nummerierung der Flüge geschah damals in römischen Ziffern (I-XII). Auch die Titan wurde
als „Titan II" bezeichnet. Heute werden hingegen meist arabische Ziffern verwendet, welche ich
auch im Folgenden verwendet habe.

Die Ziele orientierten sie sich an den Anforderungen des Apollo Programms. Für Apollo musste die
Besatzung im Erd- und Mondorbit die Mondfähre an- und abkoppeln. Es musste nach tagelangem
antriebslosem Betrieb der Antrieb des Raumschiffes gezündet werden, um in eine Mondumlauf-
bahn zu gelangen und von dort wieder zur Erde. Die Astronauten mussten auf dem Mond arbeiten;
aber auch Bänder und Filmkassetten von Instrumenten, die am und im Servicemodul angebracht
waren, mussten geborgen werden. Sie mussten also handwerkliche Arbeit im Weltraum verrichten.
Diese Arbeiten erwiesen sich als die schwerste Aufgabe.

Auch der Zeitplan musste sich an Apollo orientieren. Gemini musste beendet sein, bevor Apollo
begann. Der Flug von Apollo 1 war für den März 1967 geplant. Mit den nötigen Vorbereitungen für
Apollo musste Gemini im Jahr 1966 abgeschlossen werden. Gemini war das einzige bemannte
Raumfahrtprogramm, bei der keine Hardware übrig blieb. Alle Kapseln wurden gestartet. Bei der
Agena sogar das Exemplar für Bodentests und die Atlas-Trägerrakete musste von dem Lunar
Orbiter Programm zur Verfügung gestellt werden.

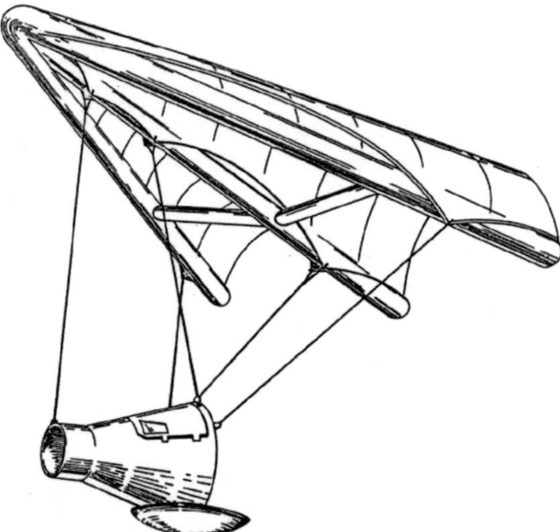

*Abbildung 1: Der ursprünglich geplante Paraglider im Windkanal (links) und skizzierter Einsatz (rechts).
(Bild: NASA)*

| Aufschlüsselung der Kosten des Gemini Programmes | |
| --- | --- |
| Missionsdurchführung und Bergung | 82,3 Mill. $ |
| Umrüstung Bodenstationen | 64,2 Mill. $ |
| Titan 2 (bestellte Exemplare und Anpassungen) | 283,3 Mill. $ |
| GATV und ATDA | 100,1 Mill. $ |
| Atlas (7 Träger) | 31,1 Mill. $ |
| Raumfahrzeuge | 790,4 Mill. $ |
| Davon Kapseln | 696,1 Mill. $ |
| Davon Entwicklungskosten Paragliderkonzept | 27,4 Mill. $ |
| Davon AMU | 24 Mill. $ |
| Gesamtkosten | 1354,3 Mill. $ |

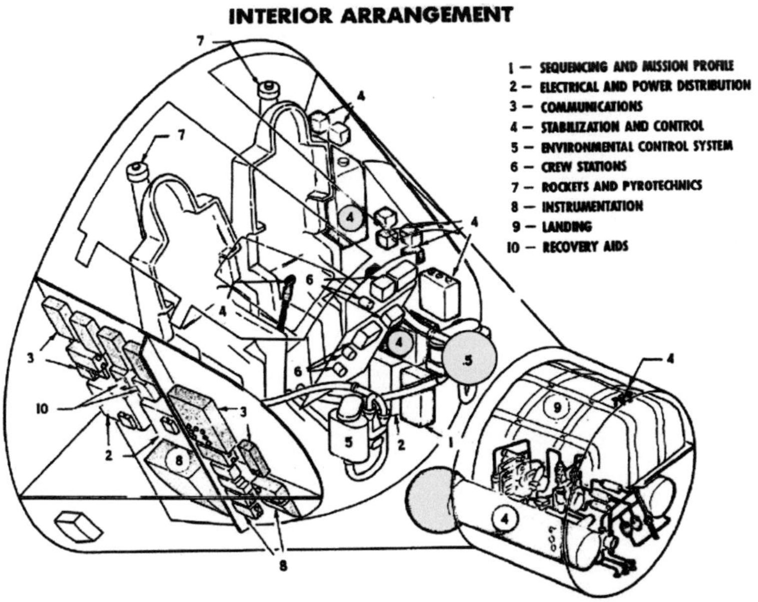

*Abbildung 2: Frühe Studie der Mercury Mark II Kapsel (Bild: NASA)*

# Das Gemini Raumschiff

Die Hardware war ein Kompromiss zwischen Innovation und Bewährtem. Die Gemini Kapsel war eine in den Dimensionen vergrößerte Mercury Kapsel mit einem zusätzlichen Versorgungsmodul. Bei einem 50% höheren Gewicht gab es Platz für zwei Sitze.

Die Kapsel bestand aus drei Teilen: der Wiedereintrittseinheit (englisch: Reentry Module), der Ausrüstungseinheit (Equipment Module) und der Bremseinheit (Retrograde Section). Die beiden Letztgenannten wurden auch zur Adaptereinheit (Adapter Module) zusammengefasst.

Die Wiedereintrittseinheit war die Kapsel, in der die Astronauten saßen. Daran schloss die Bremseinheit in Form eines Kegelstumpfes an. Sie diente dazu, die Kapsel vor dem Wiedereintritt abzubremsen, sodass der niedrigste Punkt der Bahn am Erdboden lag. Danach wurde Sie abgetrennt. Das Ausrüstungsteil, ebenfalls ein Kegelstumpf, war der größte Teil des Raumschiffs. Er umfasste sämtliche Treibstoffe zur Lageregelung, Brennstoffzellen, das Lebenserhaltungssystem, Gase und Wasser. Er wurde vor dem Wiedereintritt abgetrennt.

Das Design der Kapsel war so ausgelegt, dass hochtemperaturfeste Materialien wie Titan an den Teilen verwendet wurden, die bei Start oder Landung hoher Hitze ausgesetzt waren oder die druckdicht sein mussten. Aluminium und Magnesium als leichtere Metalle aber mit niedrigerer Festigkeit, insbesondere bei erhöhten Temperaturen, wurden für Innenverkleidungen und für die Ausrüstungseinheit verwendet.

Die Kapsel wog nach der Landung noch etwa 2.100 kg. Das Startgewicht war abhängig von der Missionslänge und den durchgeführten Veränderungen des Orbits. Es variierte zwischen 3.200 und 3.700 kg. Das Raumschiff war für Missionen von bis zu 14 Tagen Länge konstruiert.

Das Gemini Raumschiff wies eine hohe Anzahl von redundanten Bauteilen auf, um ein Höchstmaß an Sicherheit zu gewährleisten. So gab es bis zu sechs Brennstoffzellen, obwohl selbst für eine 14 Tage Mission drei ausreichten. Das Gemini Raumschiff sollte die primären Missionsziele mit einer Zuverlässigkeit von 0.95 erfüllen können. (Anders ausgedrückt, bei 20 Flügen wäre es theoretisch einmal vorgekommen, dass der Flug wegen Ausfall einer wichtigen Komponente abgebrochen werden muss). Die Sicherheit für die Besatzung wurde erheblich höher veranschlagt. Hier beträgt die Zuverlässigkeit der entsprechenden Systeme 0.995. (Entsprechend einem Verlustrisiko der Besatzung von 1:200.) Das Space Shuttle weist dagegen nach NASA Angaben ein Verlustrisiko von 1:80 auf. Apollo wurde für ein „Loss of Crew" Risiko von 1:1000 konstruiert. Die gesamte Montage erfolgte in Reinräumen. Alle für die Sicherheit wichtigen Teile wurden vor der Montage mit Röntgenstrahlen durchleuchtet. Die Fotografien wurden von externen Instituten ausgewertet und auf Haarrisse untersucht.

Die Firma McDonnell bekam einen Kontrakt über 696,1 Millionen Dollar für die Entwicklung und den Bau der Kapsel. McDonnell hatte schon die Mercury Kapseln gebaut und konnte auf den dort gewonnenen Erfahrungen aufbauen. Dieser umfasste 15 Kapseln, davon zwei für unbemannte Tests sowie 13 Flugexemplare, davon zwölf für Einsätze und eines für Tests am Boden. Dazu kamen zwei Simulatoren mit dem Innenleben der Kapsel, ein Simulator für Andockmanöver, fünf Modelle für Tests am Boden und drei statische Hüllen für Vibrations- und Aufschlagprüfungen. 27,4 Millionen wurden für die Entwicklung eines Paragliders (Gleitschirms) ausgegeben, bevor diese abgebrochen wurde. Wie bei anderen Raumfahrtprojekten war die Entwicklung deutlich teurer als die Fertigung, welche für ein Exemplar 13 Millionen Dollar kostete. Heute ist McDonnell Bestandteil des Boeing Konzerns.

| Kerndaten Gemini Raumschiff | |
|---|---|
| Besatzung: | 2 Mann |
| Startgewicht: | 3.200-3.700 kg |
| Landegewicht: | 2.100 kg |
| Länge gesamt: | 5.70 m |
| Länge Kabine: | 3,50 m |
| Länge Ausrüstungseinheit: | 2,30 m |
| Durchmesser: | 3,30 m maximal, 1,00 m minimal |
| Wohnvolumen: | 2,3 m³ |
| Auftrieb/Widerstand: | 0,19 |

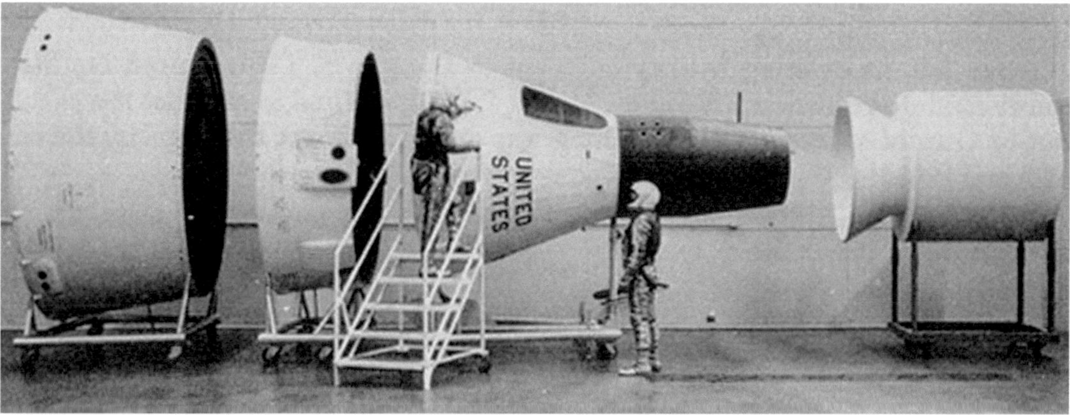


*Abbildung 3: Mockup des Raumschiffs und des Docking Adapters (Bild: NASA)*

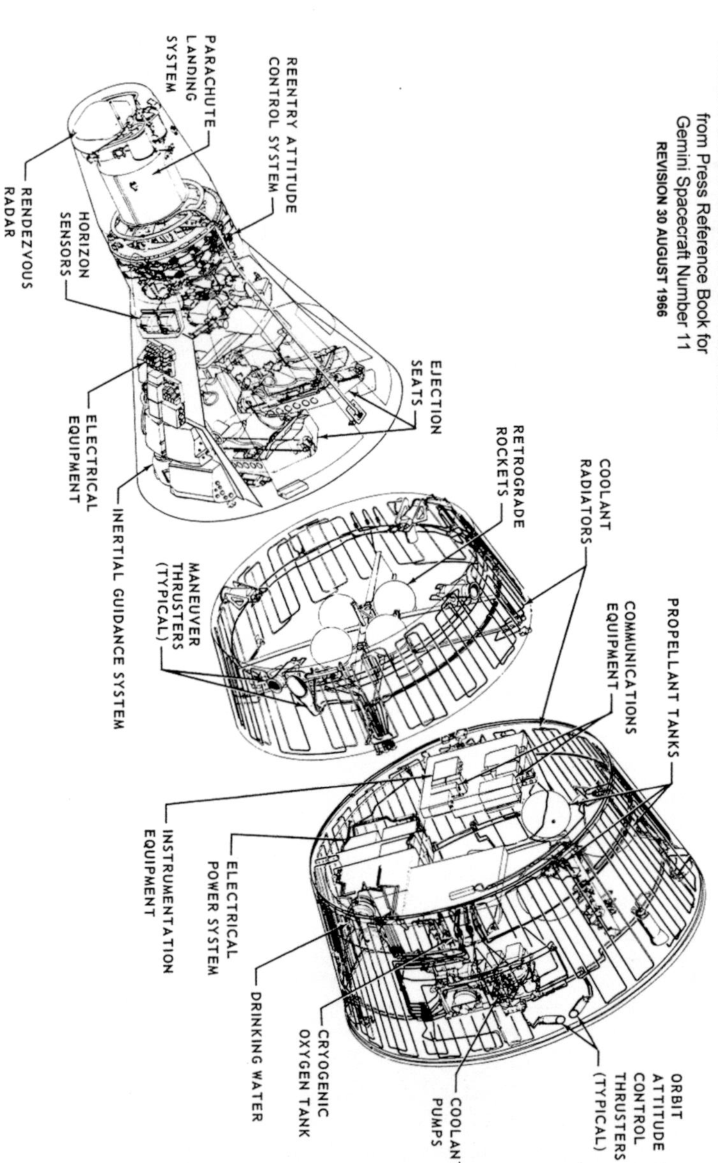


*Abbildung 4: Wichtigste Systeme des Gemini Raumschiffs (Bild: NASA)*

# Die Wiedereintrittseinheit

Dies war der Teil, in dem die Astronauten „wohnten". Er zerfiel in drei Teile: dem Docking Adapter an der Nase, der Kabine und der dazwischen liegenden Wiedereintrittskontrollsektion (**R**eentry **C**ontrol **S**ystem, RCS). Das nutzbare Innenvolumen der Kabine betrug 2,28 m³. Mercury bot 1,40 m³ Wohnvolumen und Apollo 6,00 m³. Im Vergleich zu diesen beiden Missionen war es in Gemini also am beengtesten, wenn die Besatzungsstärke berücksichtigt wird. Im englischen Sprachgebrauch hieß die Kapsel auch „Reentry and Recovery Section". Die Form der Kapsel war so gewählt worden, dass ihr aerodynamischer Auftrieb beim Eintritt durch das RCS gesteuert werden konnte.

## *Struktur*

Die Kabine besteht aus einem abgeschnittenen Kegelstumpf. Sie war für eine Druckdifferenz von 0,21 bis 0,84 bar ausgelegt. Der Rahmen bestand hauptsächlich aus Titan (85%) und Magnesium, was für ein niedriges Gewicht bei hoher Stabilität sorgt. Die tragende Struktur bestand aus einer Halbhelix aus Titanringen mit Längs- und Querversteifungen von 4 mm Materialstärke. Die Innenverkleidung der Kabine bestand aus 2,54 mm dicken Titanblechen. An der Außenseite wurden Platten aus „Rene 41" angebracht. Rene 41 ist eine Legierung aus 57% Nickel mit 19% Chrom 11% Kobalt 10% Molybdän und 3% Titan. Diese hochtemperaturfeste Legierung wird auch für Gasturbinen verwendet und oxidiert selbst bei 1.000°C nicht. Die Rene 41 Bleche wurden zur effektiven Temperaturabstrahlung und zum Schutz an der Oberfläche oxidiert und mit einer keramischen Schutzschicht überzogen, die Temperaturen bis zu 1.260°C widerstand und vor Kratzern schützte. Diese Temperaturstabilität war notwendig, weil beim Wiedereintritt das heiße Plasma über die Kapseloberfläche strömte. Die Materialstärke der Platten betrug zwischen 0,228 und 0,711 mm (im Mittel: 0,4 mm). Das Heck und die Struktur der Nase bestanden aus Beryllium. Die Nasenspitze war zusätzlich von einer Verkleidung aus glasfaserverstärktem Kunststoff umgeben, welche vor dem Wiedereintritt abgesprengt wurde. Die Gesamtlänge aller verbindenden Schweißnähte betrug 75 m.

In der Kapsel befanden sich fünf Buchten für Ausrüstung und Nahrung: Zwei an der Seite und drei am Boden der Kabine. Sie waren unterteilt in Buchten für Ausrüstung, die unter Druck stehen musste, und in Buchten für Gerätschaften, für die dies nicht notwendig war. Letztere waren einfach zugänglich; dazu gab es außen Zugangsöffnungen, die erst vor dem Start verschlossen wurden. Dadurch waren Änderungen, die sich aus den Erfahrungen früherer Missionen ergaben, schneller umsetzbar, und erst damit war die hohe Startrate von einer Mission alle zwei Monate (bei Mercury alle 6-7 Monate) möglich.

Die Türen wurden mit 149 Bolzen befestigt und konnten bis zu einer Höhe von 20.000 m abgesprengt werden. Sie befanden sich über den Sitzen. Beim Öffnen in den Weltraum wurden sie jeweils von zwei Angeln gehalten

Es gab über den Sitzen in den Türen zwei Fenster von 18 x 20 cm² Größe. Die Fenster bestanden aus jeweils drei Scheiben, einer inneren Scheibe und zwei äußeren, mit Abstandstrennern. Der Zwischenraum war mit Luft gefüllt. Die äußeren beiden Scheiben waren bei Kommandant und Co-pilot identisch. Sie bestanden 5,6 mm starken Scheiben aus „Vycon", einem Glas mit 96% Silikat-anteil. Das innere Fenster des Kommandanten war ebenfalls 5,6 mm stark und bestand aus temperaturbehandeltem Aluminosilikatglas. Das innere rechte Fenster, über dem Copiloten, welches bei normaler Ausrichtung der Kapsel zur Erde zeigte, war dagegen wie die äußeren Scheiben aus 9,7 mm starkem Vycon. Es hatte eine bessere optische Durchlässigkeit für Boden-beobachtungen und Aufnahmen. Es zeigte sich, dass die Stufentrennung viel Schmutz auf den Fenstern hinterließ. So bekamen spätere Kapseln eine Schutzfolie über den Fenstern, mit einer daran angebrachten Flügelschraube, die der Astronaut bei einer EVA lösen und damit die Folien entfernen konnte.

Die Form des Hitzeschutzschildes entsprach einem 2,44 m durchmessenden Kugelschnitt einer Kugel von 3,57 m Durchmesser. Er bestand aus einer Basis aus Beryllium, auf der eine Waben-struktur aus Fiberglas angebracht war. Die Waben waren mit einer Phenolharz- / Silikatmasse ausgekleidet. Diese Schicht sublimierte beim Wiedereintritt und nahm dabei einen Teil der Be-wegungsenergie der Kapsel auf. In der Atmosphäre stabilisierte ein 3,20 m großer Pilotfallschirm den Abstieg. Danach bremsten zwei Fallschirme die Kapsel ab: ein Bremsfallschirm von 5,50 m Durchmesser und ein Hauptfallschirm von 26,50 m Durchmesser.

## *Lageregelung*

Alle drei Module von Gemini hatten Triebwerke mit unterschiedlichen Aufgaben. Das RCS (**Re**action **C**ontrol **S**ystem) der Kapsel ist an der Basis der Nase untergebracht. Der Triebwerksrahmen besteht aus einem Zylinder aus Magnesium, acht Versteifungsleisten und zwei Trennböden. Er ist mit acht Klammern an der Basis befestigt. An ihm sind 16 Düsen in 4 Vierergruppen mit einem Schub von jeweils 111 N angebracht. Das RCS hat die Aufgabe, die räumliche Lage während des Wiedereintritts zu stabilisieren und die Bahn zu justieren. Die Kapsel war so ausgelegt, dass der Schwerpunkt durch Rollmanöver verschoben werden konnte. Dies führte zu einer veränderten Lage und damit zu mehr oder weniger Auftrieb. Damit konnte aktiv die Flugbahn verändert werden. Die Mercury Kapseln konnten dies noch nicht.

Es wurde die sich selbst entzündende Kombination **M**ono**m**ethyl**h**ydrazin ($CH_3-NH-NH_2$, MMH) mit Stickstofftetroxid ($O_2N-NO_2$) gewählt, und die Tanks mit Stickstoff unter Druck gesetzt. Das Volumen betrug jeweils 8,9 l für den Oxidatortank und 7,1 l für den Treibstofftank. Beide Tanks waren redundant vorhanden. Das System wog 84,3 kg betankt und 49,5 kg leer. Da die korrekte räumliche Lage der Kapsel beim Wiedereintritt lebenswichtig für die Besatzung war, wurde das

System auf eine sehr hohe Zuverlässigkeit von 0.9999 ausgelegt. Ausgereicht hätten vier Düsen. Die Verwendung von 16 statt nur vier Triebwerken erlaubte es, den Schub feiner zu justieren.

## *Systeme für die Besatzung*

Der „Commander Pilot", welcher die Verantwortung für die Mission hatte, saß auf der linken Seite, der „Pilot" auf der rechten Seite. Im allgemeinen Sprachgebrauch wurden allerdings die Bezeichnungen Kommandant und Copilot verwendet. Die Sitze waren um 8 Grad nach außen und 12 Grad nach vorne geneigt, damit sich die Schleudersitze nach dem Abtrennen von der Kapsel weg bewegten. Für jeden Astronauten waren Nahrungsmittel mit einem Nährwert von 2.150 - 2.550 kcal/Tag (9.400 - 10.700 kJ) und 2,9 l Trinkwasser/Tag vorgesehen. Es gab weitere 0,5 l Wasser pro Tag und Person aus den Brennstoffzellen. Alle Vorräte waren mit einer Zweitagesreserve beaufschlagt worden. Als Essen gab es zumeist dehydrierte oder gefriergetrocknete Fertigpackungen, denen nur Wasser zugefügt werden musste. Lebensmittel, die ohne Behandlung haltbar waren, wie Kekse, wurden meist gemieden, da sie zu stark krümelten. Im Allgemeinen muss die Qualität verbesserungswürdig gewesen sein. „Add water, ignore taste" war der Kommentar eines Astronauten über die Gemini Verpflegung.

Etwas problematischer war die Frage, wie die Ausscheidungen entsorgt werden sollten. Während des Starts gab es einen Sammelbeutel in Y-Form, der an der Hüfte getragen wurde. Danach wurde er abgenommen, die eine Öffnung verschlossen und mit der anderen an das Urinablasssystem angeschlossen. Dieses hatte ein Ventil, durch das der Beutel ins Vakuum des Alls entleert werden konnte. Im Normalfall wurde das Urinsammelsystem eingesetzt. Es war ein rechteckiger Beutel der rund 1 l fasste. Davon konnte eine 70-ml-Probe abgezweigt werden. Eine Art Gummikondom war an einem Ende angebracht, das über den Penis gestülpt wurde. Ein Ventil verhinderte den Rückfluss des Urins. Das andere Ende wurde an das Urinablasssystem angeschlossen, das Ventil geöffnet und so der Urin abgelassen. Das System konnte auch die Urinmenge messen.

Schwieriger war die Entsorgung des Kots. Für diesen gab es keine Ablassvorrichtung. Der gesamte Kot musste an Bord gesammelt und verstaut werden. Das primäre Sammelsystem waren blaue Säcke mit einer Abmessung von 17,5 x 30 cm² aus Nylon-Polypropylen. Sie hatten eine 10 cm große Öffnung, die mit 4 cm langen, wachsbehandelten, chirurgischen Klebebändern am Körper angebracht wurden. Die Befestigung war nicht das Problem, sondern das entfernen. Das Klebeband bekam bald den Ruf „das am besten klebende Papier im Weltraumprogramm" zu sein.

Vor der Benutzung wurde darin eine Tablette platziert, die Bakterien abtötete. Danach wurde der Sack über den After positioniert, wobei es im Sack eine Vertiefung für die Finger gab. Nach verrichtetem Geschäft wurden die benutzten Toilettenpapiere in den Sack eingeworfen, dieser verschlossen, die Tablette durch Druck zerkleinert und mit dem Inhalt von Hand verknetet um

Bakterien abzutöten. Zuletzt wurde der Sack verstaut. Es gab einen pro Astronaut und Tag mit einer 20%-Reserve. Benötigt wurden weitaus weniger, denn so unangenehm, wie die Prozedur klingt, war sie auch. Die Astronauten waren bestrebt, so selten wie möglich diese „Blue Bags" zu benutzen. Die Mediziner machten die Sache nicht einfacher, da sie darauf bestanden, dass von jedem Sack eine Kotprobe genommen wurde.

Die Astronauten hatten eine 16-mm Schmalfilmkamera für Filmaufnahmen und eine 70-mm Maurer Mittelformatkamera mit einem 50-mm Objektiv für Fotografien an Bord. Die Sprache wurde auf einem Sprachrekorder aufgezeichnet. Dieser wurde von der Konsole aus ein- und ausgeschaltet. Ein weiterer Rekorder zeichnete die medizinischen Signale von Sensoren auf, welche an den Astronauten angebracht waren. Fernsehkameras kamen erst im Apollo Programm zum Einsatz.

Dazu kamen von Mission zu Mission weitere Experimente. Für Notlandungen gab es eine 11 kg schwere Überlebensausrüstung bestehend unter anderem aus einem Schlauchboot, 2 l Wasser, Essensrationen, Nahrungsmitteln, Angelausrüstung, Meerwasserentsalzungsgerät, Machete und Solarofen.


## *Umweltkontrolle*

Das Klimasystem der Kapsel gewährleistete einen Kabinendruck von 0.35 bar bei einer Atmosphäre aus 100% Sauerstoff. Dieses System hatte den Vorteil, dass die Kabinenwand nur für einen Innendruck von 0,35 bar ausgelegt werden musste, dies sparte Gewicht ein. Das von den Astronauten ausgeatmete Kohlendioxid wurde chemisch durch Lithiumhydroxid gebunden. Der Partialdruck des Kohlendioxids lag bei maximal 13,3 hPa. Dazu wurden 2,5 m³ Luft pro Minute umgewälzt. Die Innentemperatur war regelbar zwischen 15,5 und 27°C. Ein Radiator, mit einer 15,3 m² großen Fläche an der Außenseite der Ausrüstungseinheit, gab überschüssige Wärme in den Weltraum ab. Silikonester diente als Kühlmittel in beiden Kühlkreisläufen, betrieben von jeweils einer Pumpe.

Während der Startphase atmete die Besatzung Sauerstoff aus einer am Schleudersitz angebrachten Gaspatrone. Bereits 135 Minuten vor dem Start begann die Besatzung reinen Sauerstoff zu atmen, weil die Atmosphäre in der Kapsel aus reinem Sauerstoff bestand und bei schneller Umstellung auf den niedrigeren Druck sonst der Stickstoff im Blut ausgegast wäre. Da die Kapselstruktur nur für einen höheren Innen- als Außendruck ausgelegt war, wurde die Kapsel vor dem Start mit Sauerstoff unter Überdruck beaufschlagt. Während des Aufstiegs entwich ein Teil des Sauerstoffs durch ein Ventil, um den Differenzdruck aufrecht zu halten. Das Ventil schloss sich selbsttätig, sobald der Sollinnendruck von 0,35 bar erreicht war.

*Abbildung 5: Grissom und Young im G3C Anzug (Bild: NASA)*

## Raumanzüge

Der Raumanzug war individuell für jeden Astronauten auf seine Körpergröße angefertigt, aber nicht, wie die Mercury Anzüge, maßgeschneidert auf die Körperform. 75 Exemplare wurden hergestellt.

Die Bekleidung bestand aus einer einteiligen, kragenlosen Unterwäsche mit integrierten Socken aus Baumwolle, welche Schweiß aufnehmen sollte. Sie hatte Taschen, um medizinische Instrumente aufzunehmen. An diese Instrumente wurden die physiologischen Sensoren angeschlossen. Weitere Taschen erlaubten es, die Sammelvorrichtungen für Urin und Kot aufzunehmen.

Darüber wurde der eigentliche Raumanzug getragen. Der Raumanzug war aus vier Schichten gefertigt: Dacron zuinnerst, dann Neopren, gefolgt von Nylon und zuletzt Aluminium.

- Die Dacron Schicht dient vor allem dem Komfort; der Raumanzug glitt so leichter über die Unterwäsche und fühlte sich nicht so kalt an. Damit war es möglich, den Anzug schneller an- und auszuziehen.

- Die darüber liegende Neoprenschicht, vernährt mit Nylon, machte ihn druckdicht. Sie hatte an den Füßen eine Gummisohle mit Noppen.

- Darüber kam eine Schicht aus vernetztem Gewebe. In ihr zirkulierte die Kühlung. Sie hatte die Aufgabe den Raumanzug zu versteifen und ihm Formstabilität zu geben.

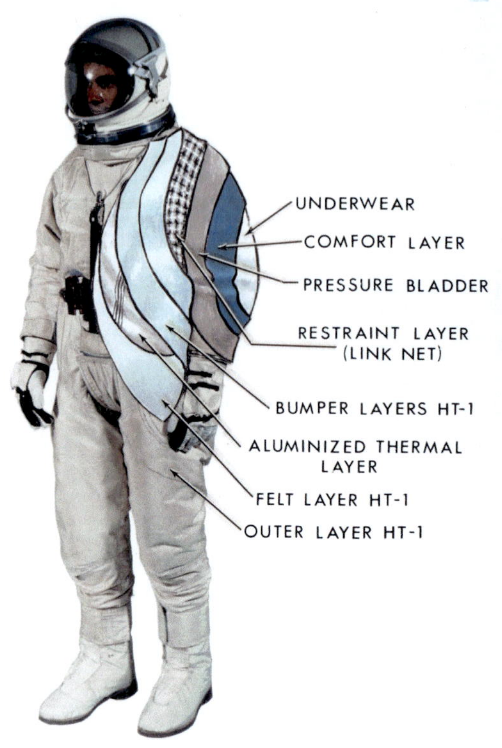



*Abbildung 6: Aufbau des G4C Gemini Raumanzugs (Bild: NASA)*

- Die äußere Schicht bestand aus aluminisierten Nomex und hatte die Funktion, den Anzug vor Beschädigungen zu schützen und thermisch zu isolieren.

Der Raumanzug war, verglichen mit späteren Konstruktionen, vergleichsweise leicht und wog maximal 11,34 kg. Der Innendruck lag bei 0,2 bis 0,28 bar. Der Anzug war ausgelegt für einen Druck von 0,26 bar über vier Stunden und wurde mit maximal 0,5 bar über 15 Minuten auf Druckdichtheit getestet. Ein Überdruckventil begrenzte den Innendruck auf 0,33 bar. Die Besatzung atmete reinen Sauerstoff. Kohlendioxid wurde bis auf einen Partialdruck von 3,8 bis 7,6 hPa entfernt. Der Anzug hatte einen Anschluss für das Lebenserhaltungssystem am Bauch und einen Auslass 180 Grad gegenüber. Vom Eingang führten Röhren mit Frischluft zu Kopf, Armen und Beinen.

Die Wasserkühlung hatte eine Eingangstemperatur von 13-21 Grad. Sie konnte maximal 0,283 m³ Wasser/h umwälzen. Damit konnte eine Temperatur von 10-27°C im Anzug aufrechterhalten werden. Die Atemluft wurde bei EVA Arbeiten durch eine Schlauchverbindung von der Gemini Kapsel bereitgestellt und gereinigt.

Der Raumanzug wurde mehrmals während des Gemini Programms aufgrund der Erfahrungen bei den Missionen überarbeitet. Die ersten Versionen G1C und G2C waren Vorgänger des ersten im Weltraum eingesetzten Anzugs G3C. Sie wurden für das Training am Boden und für Tests benutzt. Diese ersten Versionen waren außen von silberner Farbe, wie die Mercury Raumanzüge.

Der Standardanzug war der G3C, der oben beschrieben wurde. Er wurde von der Besatzung von Gemini 3 und 5 und den Kommandanten von Gemini 4,6 und 8-12 getragen. Er war nicht für EVA Arbeiten qualifiziert. Aus ihm entstand der G4C. Er hatte zusätzliche Schutzschichten auf der

Nomex Schicht. Die äußeren Schichten bestanden aus zwei Schichten Hochtemperaturfestem (HT) Nylon, die äußere mit Mylarfolie überzogen. Es folgten sieben Schichten aus Nylon mit Dacron zur thermischen Isolation und zwei weitere HT Nylon Schichten, die Mikrometeoriten stoppen sollten. Der G4C war für EVA Operationen vorgesehen. Die Kopiloten von Gemini 4,6 und 8-12 trugen diesen Anzug. Die G3C und G4C Anzüge können durch ihre weiße Außenschicht leicht von den G2C unterschieden werden.

Borman und Lovell trugen bei Gemini 7 einen G5C Anzug. Er war für maximalen Komfort bei Langzeitmissionen ausgelegt und erlaubte keine EVA Operationen. Er wog nur 8 kg, hatte keine äußere Laminatschicht und auch die innere Nylonschicht fehlte. Der Helm war nur für den Schutz vor Druckverlust ausgelegt. Dadurch entfiel der steife Befestigungskragen. Beim Start und der Landung trugen Borman und Lovell einen zusätzlichen Crash-Helm, der vor den Belastungen bei einer Auslösung der Schleudersitze schützte. Dazu kam eine nun zweiteilige Unterwäsche, die auch ohne Anzug wärmend war, und es erlaubte, den Anzug ganz auszuziehen.

Der Helm wurde durch eine Drehung abgenommen. Im Befestigungskragen gab es Anschlüsse für das Mikrofon und den Ohrhörer.

An die Anzüge waren Stiefel angeschlossen. Auch diese bestanden aus vier Schichten: innen Nylon, dann baumvollverkleideter PVC-Schaum, hochtemperaturfestes Gewebe und eine Laminatschicht. Sie wurden an das Bein geschnürt. Die Handschuhe und der Helm rasteten dagegen durch eine 360-Grad-Drehung ein. Die Handschuhe waren individuell nach den Händen angefertigt. Spätere Modelle erhielten an den Fingerspitzen Leuchten und die Handinnenfläche war weich verkleidet, um ein Wundscheuern zu vermeiden.

## *Stromversorgung*

Die Stromversorgung für die Kapsel hatte die Aufgabe, die Kapsel mit Energie zu versorgen, nachdem die Versorgungseinheit abgetrennt wurde, was erst kurz vor dem Wiedereintritt der Fall war. So konnte diese verhältnismäßig klein dimensioniert werden und bestand aus nur vier Silber-Zink-Batterien mit jeweils 45 Ah Kapazität bei 47 kg Gewicht.

Dazu gab es für die pyrotechnischen Zünder eigene Batterien mit 15 Ah Kapazität, welche den Strom zum Zünden dieser lieferten. Während sich die Kapsel im Orbit befand, wurde die Energie von Brennstoffzellen im Ausrüstungsmodul geliefert. Als Bordspannung wurde eine 26-V-Wechselspannung mit 400 Hz verwendet.

## *Der Gemini Bordcomputer*

Erstmals wurde bei den bemannten Gemini Missionen ein Computer in einem Raumfahrzeug eingesetzt. Er hatte die Abmessungen von $48 \times 37 \times 32$ cm³ und wog 26,6 kg, war also für die damaligen Verhältnisse extrem klein und leicht. Am 7.3.1962 bekam IBM von McDonnell den Auftrag Y20163R für die Entwicklung des Gemini-Trägheitsführungssystems. Damit hatte der Computerhersteller IBM erstmals die Aufgabe einen Bordcomputer für ein Raumfahrzeug zu entwickeln. Bisher waren Großrechner die Domäne von IBM und so fasste einer der Ingenieure auch die Aufgabe wie folgt zusammen: Den Inhalt eines Kühlschranks in eine Hutschachtel hineinzupacken.

Der Auftrag hatte einen Umfang von 2,6 Millionen Dollar. Die erste Maschine wurde am 31.8.1963 dem finalen Testprogramm unterzogen. Im Dezember 1965 wurde der letzte von 20 Rechnern ausgeliefert. Mit ihm begann eine langjährige Zusammenarbeit zwischen IBM und dem Zentrum für bemannte Missionen. Apollo, Skylab, Space Shuttle - sie alle setzten Bordrechner von IBM ein. Schon vorher war IBM der Hauptlieferant bei den Rechnern für die Missionskontrolle. So wurde „Mission Control" bei Gemini von IBM 7094 Computern überwacht (zwei Stück wegen der Redundanz) und die Daten wurden bei den Bodenstationen von älteren IBM 709 vorverarbeitet. Die 7094-Serie waren speziell für wissenschaftliche Problemstellungen ausgelegte Rechner, sie waren die schnellsten von IBM produzierten, als die Aufträge für das Gemini Programm Anfang der sechziger Jahre vergeben wurde.

## Design

Der Gemini Digital Computer (GDC) bestand aus fünf Platinen mit 510 Modulen. Der Computer wurde aus diskreten Einzelteilen wie Transistoren, Widerstände und Dioden gefertigt, verwandte also noch keine integrierten Schaltungen. Eine komplette Platine wurde dann in Epoxidharz eingegossen, um sie vor den Belastungen beim Raketenstart zu schützen. Dieser wurde damals wie heute mit Rütteltischen simuliert.

Der Speicher bestand aus 39 Modulen mit je $64 \times 64$ Bits pro Modul. Es wurden immer drei Befehlsworte von 13 Bit Breite zu einem Speicherwort zusammengefasst. Das reduzierte die Anzahl der Bits, die man brauchte, um den Speicher zu adressieren von 14 auf 12. Der Speicher nahm 4.096 dieser Dreierbündel auf. (Insgesamt 159.744 Bits). Der Speicher wurde dann nochmals in 16 Segmente mit je 256 Worten unterteilt. Er bestand aus Ringkernspeicher, dem damaligen Standardspeicher bei Computern. Dabei werden kleine Eisenkerne auf eine Drahtmatrix aufgezogen. Zum Speichern eines Bits wurden die beiden Drähte, auf deren Kreuzungspunkt sich ein

Ring befand, unter Strom gesetzt. Die kombinierte Stromstärke erzeugte ein so starkes Magnetfeld, dass die Permanentmagnetisierung des Eisenrings verändert wurde. Zum Lesen wurden auch beide Drähte unter Strom gesetzt, aber mit einer geringeren Stromstärke. Das erzeugte Magnetfeld bewirkte durch Wechselwirkung mit dem Permanentmagnetfeld einen induzierten Strom in einem dritten, stromlosen Lesedraht, der von dem Ursprungsmagnetfeld abhing.

Der Ringkernspeicher hatte den praktischen Vorschlag, dass er nichtflüchtig war. Bei den Missionen wurde oft der Rechner abgeschaltet, wenn er nicht benötigt wurde. Da der Speicher seinen Inhalt auch ohne Stromzufuhr behielt, er also nicht mehr erneut eingelesen werden musste war er auch nach dem erneuten Anschalten sofort betriebsbereit, nur die Daten, wie Navigationsinformationen waren nicht mehr gültig. Da der Rechner durchschnittlich 94,5 Watt konsumierte, wurde er nur betrieben, wenn er auch benötigt wurde, also bei Start, Wiedereintritt und bei Ankopplungen. Er absolvierte nach dem Start sein Selbsttestprogramm und war dann nach etwa 20 Sekunden betriebsbereit. Bedingt durch die Anforderungen entwickelte IBM einen Ringkernspeicher, bei dem die Daten beim Auslesen nicht zerstört wurden. Das war bisher bei Ringkernspeichern nicht möglich. Diese Technologie wurde dann in kommerziellen Rechnern verwendet,

Die Taktrate betrug 0,5 MHz für den Prozessor und 0,25 MHz für den Speicher. Es gab nur 16 Instruktionen, man könnte ihn also als RISC-Rechner (RISC: **R**educed **I**nstruction **S**et **C**omputer) bezeichnen. Nur rund 7.000 Befehle konnten pro Sekunde ausgeführt werden. Die meisten Instruktionen, wie ein Speichertransfer, eine Addition oder eine Subtraktion dauerten 140 Mikrosekunden. Ausnahmen waren die Multiplikation mit 420 Mikrosekunden und die Division mit 840 Mikrosekunden. Die Ausführung war deswegen so langsam, weil der Prozessor bitseriell arbeitete: Bevor eine Instruktion ausgeführt werden konnte, musste in 39 Takten erst einmal das Befehlswort eingelesen werden. Auch die Ausführung erfolgte Bit für Bit. Das reduzierte den Aufwand für den Rechner beträchtlich, denn anstatt 26 Bits auf einmal, wurde nur jeweils ein Bit jedes Operanden verarbeitet. Die Rechenwerke waren daher erheblich einfacher aufgebaut. Der Nachteil war eine enorme Geschwindigkeitseinbuße. Die ersten 8-Bit-Mikroprozessoren in den siebziger Jahren führten bei dieser Taktgeschwindigkeit rund 100.000 bis 200.000 Befehle aus. Durch die bitserielle Architektur waren es beim Gemini Bordcomputer nur 7.000.

Ein Befehlswort hatte eine feste Breite von 13 Bits. Ein Datenwort war immer 26 Bits breit. Auch die feste Breite von Instruktionen ist ein typisches RISC-Merkmal. Verwendet wurde in der CPU eine Integerarithmetrik mit Vorzeichenbit. Die Zahlen wurden aber interpretiert, wie man es wolle, es gab also keinen festen Wertebereich. So konnte eine Zahl eine ganze Integerzahl sein oder der Bruch einer Fließkommazahl. Der Programmierer musste also das "Format" seiner Daten kennen.

Ein Befehlswort hatte das Format OOOOPPPPPPPPP, wobei die 4 O-Bits für den Opcode und die 9 P-Bits für den Parameter standen. Beim Speicherzugriff wurden nur 8 Bits verwendet, daher war der Speicher auch in 16 Segmente mit je 256 Worten unterteilt. Das letzte, neunte, Bit diente dazu, zwischen zwei Sektoren umzuschalten. Reine Datenworte waren 26 Bits lang, das ist ausreichend für eine Dezimalzahl mit 7 Stellen oder einer Ganzzahl von -33.554.432 bis +33.554.433. Der Bordcomputer war ausgelegt, um fest programmierte Berechnungen durchzuführen und die Ergebnisse anzuzeigen. Er hatte noch nicht die Aufgabe das Raumschiff zu steuern, außer wenn die Titan Steuerung ausfiel, dann konnte er übernehmen. Der Befehlssatz enthält daher auch vor allem mathematische Operationen, darunter die Division und Multiplikation, die man bei einem so langsamen und einfachen Computer nicht erwarten würde. In der Software gab es dann noch weitere mathematische Routinen, für Sinus oder Quadratwurzelberechnung.

Verbunden war der Computer mit dem Telemetriesystem und dem Radar. Ein Time Reference System hatte drei 24-Bit-Zähler, die mit dem Abheben gestartet wurden und in Achtel-Sekunden Intervallen erhöht wurden. Sie konnten vom Bordcomputer ausgelesen werden.

## Instruktionssatz

Die Instruktionen waren folgende:

- HOP (0): Sprung zu einer Speicheradresse, in vielen anderen Dialekten als „Jump" bezeichnet.

- DIV (1): Division. Da die Division 6 Takte dauerte, und der Computer schon nach dem ersten Takt den nächsten Befehl ausführen wollte, musste man, um das korrekte Ergebnis zu bekommen nach einer Division 4 Worte einfügen welche "nichts" taten (eine eigene NOP-Instruktion (No Operation) fehlte). Eine weitere mit der Division verbundene Instruktion entfiel auf die SPQ, die man brauchte, um das Ergebnis abzulegen.

- PRO (2): Ein-/Ausgabe von einem Port zum Akkumulator

- RSU (3): Reverse Subtraktion: Unterscheidet sich von der Subtraktion nur durch die Reihenfolge der Operanden.

- ADD (4): Addition

- Sub(5): Subtraktion

- CLA (6): Holen eines Wertes aus dem Speicher in den Akkumulator

- AND (7): Binäre AND-Operation

- MPY (8): Multiplikation: Auch hier waren zwei „leere Ausführungen" nötig, weil die Ausführung drei Takte dauerte.

- TRA (9): Sprung innerhalb eines Sektors

- SHF(10): Shift des Operanden links/rechts

- TMI(11): bedingter Sprung, wenn der Akkumulator kleiner als Null ist.

- STO(12): Ablegen des Akkumulators im Speicher

- SPQ(13): Speichert das Ergebnis der Berechnung einer Multiplikation/Division an einer Adresse ab.

- CLD(14): Ein Bit des Operanden wird in den Akkumulator eingelesen, dabei wird jedes Bit im Akkumulator mit diesem Bit überschrieben.

- TNZ(15): bedingter Sprung, wenn Akkumulator größer/gleich Null.

## Software

Es gab ursprünglich sieben Betriebsmodi und ebenso viele Programme im Speicher. Mit Einführung des Bandlaufwerkes kamen während des Programmes drei weitere Modi hinzu. Es gab schließlich sechs Programme mit zehn Operationsmodi.

- Vor dem Start absolvierte er ein Selbstdiagnoseprogramm („Pre-launch Mode"). Bis 150 Minuten vor dem Start konnte man Daten an den Rechner übermitteln, z.B. veränderte Startzeiten etc.

- Während des Aufstiegs verarbeitete er die Daten der Beschleunigungssensoren sowie anderer Teile des Navigationssystems und stand bereit, die Steuerung der Titan zu übernehmen, falls deren Steuerungssystem ausfallen sollte. („Ascent Mode")

- Um die Agena von dem ersten Erdorbit aus zu erreichen, lieferte er die Daten, welche die Besatzung benötigte, um die Gemini auszurichten, sowie die Geschwindigkeitsinkremente, welche erforderlich waren, um sich dem Kopplungsziel zu nähern („Catch-up Mode")

- Bei der Annäherung an die Agena berechnete er auf Basis der Radardaten und der Signale der Inertialplattform, welche Triebwerke wie lange betätigt werden mussten, und zeigte dies an („Rendezvous Mode").

- War eine Zündung der OAMS oder der Agena erfolgt, so konnte der Computer die Daten des erreichten, neuen, Orbits anzeigen („Orbit Prediction Mode").

- Mit einem Weltraumsextanten konnte ebenfalls die räumliche Position, nun aber auf Basis eines äußeren Bezugssystems berechnet werden. Der Computer konnte diese nach Angabe der Winkel durch die Astronauten berechnen („Orbit Navigation Mode").

- Um die Position neben einer Agena oder einer anderen Gemini Kapsel zu halten, konnte er, basierend auf den Daten des Radars, die relative Position und Geschwindigkeit berechnen („Relative Motion Mode").

- Die Position im Orbit konnte aufgrund der Ausrichtung der eigenen Inertialplattform bestimmt und angezeigt werden („Orbit Determination Mode").

- Vor der Landung wurde die Eintrittsbahn berechnet und die nötigen Zeitpunkte und Steueranweisungen der Besatzung angezeigt. („Touchdown Prediction Mode")

- Der Computer konnte auch die Triebwerke während des Abstiegs zünden, um den Auftrieb zu regulieren und die Abweichung zum geplanten Landepunkt zu minimieren („Reentry Mode")

## Betrieb und Evolution

Die Inertialplattform aus Kreiseln hatte das Problem, dass die Kreisel einen Drift aufwiesen. Zudem addierten sich die Fehler, wenn der Bordcomputer auf ihren Daten die Position über Stunden berechnen sollte. Daher war die normale Reihenfolge die, dass vor Beginn eines Manövers die Geschwindigkeits- und Richtungsvorgaben von der Bodenkontrolle mit einem IBM 7094 Computer auf Basis der Radarvermessung der Umlaufsbahn berechnet und zu den Astronauten übermittelt wurden, welche sie in den Bordcomputer eingab. Wenn dann die Annäherung an die Agena erfolgte, war der Bordcomputer alleine verantwortlich für die Berechnungen der Korrekturen, wobei er die Ergebnisse der Besatzung als Vorgabe präsentierte und diese die Triebwerke betätigten. Diese Philosophie spiegelte wieder, dass der GDC als eine der neuen Technologien galt, die für Apollo erprobt wurden. Apollo wäre ohne Bordcomputer nicht möglich, aber bei dem Beginn der Entwicklung des GDC galten die Computer, welche die NASA zur Vermessung der Aufstiegsbahnen und zur Verarbeitung von Daten nutzte als nicht sehr ausfallssicher. Die Gemini-Kapsel sollte notfalls auch ohne den Computer gesteuert werden können. Aus Gewichtsgründen und wegen des Stromverbrauchs war der Rechner nur einmal vorhanden. Es gab keine Redundanz. Der einzige Ausfall, den es während der Missionen gab, ereignete sich bei der 48-Erdumkreisung von Gemini 4, als die Stromversorgung des Bordcomputers nicht mehr abgeschaltet werden konnte. IBM konnte das Problem bei Tests nicht reproduzieren. Die folgenden Exemplare erhielten aber einen Schalter, mit dem man die primäre Stromversorgung überbrücken konnte.

Die Programme (Math Flow) für den Bordcomputer wurden von Mission zu Mission komplexer und länger. Die erste im Flug eingesetzte Version war Math Flow 2. Math Flow 4 hatte ein zusätzliches Wiedereintrittsprogramm, belegt nun aber schon 12.150 der 12.288 Worte des Speichers. Weitere Module würden noch mehr Speichern erfordern. Da die gesamte Software nicht in den Speicher passte, entschloss sich die NASA, ab Gemini 8 ein Bandlaufwerk als Massenspeicher hinzuzunehmen. IBM hatte schon frühzeitig einen Vorschlag gemacht, den GDC um ein Magnetbandlaufwerk zu ergänzen. Um die mangelhafte Zuverlässigkeit verfügbarer Modelle zu umgehen, speicherte der Computer jedes Bit dreimal ab. Bei Entwicklungsbeginn hatten Bandspeichergeräte einen Fehler von 1 Bit auf 100.000 Bit. Dieser Fehler musste auf 1 Bit pro 1 Milliarde gesenkt werden. Beim Einlesen wurde dann durch eine "Voter-Schaltung" eine Mehrheitsentscheidung getroffen. Sie gab das Bit weiter, das bei drei Bits am häufigsten vorkam. Eines der drei Bits dürfte also verfälscht sein. Die Speicherkapazität des 11,8 kg schweren Bandlaufwerks lag bei 1.17 Megabit, also siebenmal größer als der Hauptspeicher, der insgesamt 159744 Bit aufnahm. Bedingt durch das dreifache Lesen eines Bits, dauerte es 6 Minuten um ein Programm in den Speicher zu laden. Die Leserate lag so bei nur 440 Bit/sec, auch weil auf zwei Datenbits noch ein Synchronisationsbit und ein Paritätsbit kamen. So wurde die Kapazität des 1-Zoll-Magnetbandes von 160 m Länge von 12,5 auf 1,17 Mbit reduziert. Auf Band wurden auch Daten gespeichert, die für die Berechnungen notwendig waren. Die Math Flow 7 Version war die letzte, im Flug, eingesetzte. Sie beinhaltete auch die Routinen für das Bandlaufwerk. Sie wurde für Gemini 8-12 genutzt.

Am Schluss waren neun Versionen der Software in Maschinenspeiche codiert worden. Sie wurden als "Gemini Math Flow" bezeichnet und hatten die Versionsnummer 1-9. Der Math Flow zeigte, wie die Software geschrieben wurde. Zuerst wurden die mathematischen Gleichungen erarbeitet, darauf legte man größte Sorgfalt. Die Algorithmen, also das Programm selbst wurde dann mit Flow-Charts entwickelt und dann in Assembler decodiert.

Der Computer kontrollierte nicht das Raumschiff, er unterstützte die Besatzung durch Berechnungen für Kursänderungen. Es zeigte sich aber bei den Missionen, dass der Computer hier viel effektiver als die Besatzung war. Die ehemaligen Piloten orientierten sich an ihrer Erfahrung, die aber bei den Orbitalgesetzen nicht von Vorteil war: im Gegenteil. Während ein Flugzeug eingeholt wird, indem beschleunigt wird, bewirkt dies im Orbit, dass eine höhere Bahn erreicht wird, mit einer längeren Umlaufszeit: das Ziel entfernt sich noch weiter. Der Computer erhielt als Folge neue Aufgaben. So wurden die Programme im Laufe des Gemini Programmes immer komplexer. Bei den ersten Missionen lieferte der Bordcomputer die Geschwindigkeitsvorgaben; bei den letzten Missionen gab es eine Anzeige, die von den Piloten „genullt" werden musste. Sie mussten die Triebwerke abschalten, wenn die Anzeige "0" erreichte. Trotzdem war ein zu hoher Treibstoffverbrauch ein Dauerproblem bei den meisten Gemini Missionen. Als Folge erhielt die Apollo-Kommandokapsel ein Computersystem, das alle Zündungen selbst steuerte. Später wurde auch erprobt, ob der Computer den Wiedereintrittsprozess überwachen und Störungen aktiv ausgleichen konnte. Gemini 11 landete vom Computer gesteuert genauso präzise, wie wenn die Besatzung dieses kritische Manöver durchführte.

## Anzeigen

Bei Gemini trug die Besatzung viel mehr Verantwortung für die Steuerung des Raumfahrzeugs als noch bei Mercury. Die Bodenkontrolle assistierte mehr, als sie es bei Mercury tat. Als Folge sank die Anzahl von Relais, die benötigt wurden, um Bodenkommandos durchzuführen, von 220 auf 60. Die Anzeigekonsole hatte verschiedene Anzeigen für:

- Raumlage und deren Änderung.

- Fluggeschwindigkeit und deren Änderung

- Differenzgeschwindigkeit (RADAR)

- Flughöhe

- Zeit

- Leistung und Zustand der Brennstoffzellen

- Treibstoffvorrat und Verbrauch

- Klima in der Kabine

Das Programm wurde mit einem Drehschalter mit anfangs sieben Positionen ausgewählt und mit einem Start-Button vom Bandlaufwerk in den Speicher gelesen. Nach Ausführen des Selbsttests war der Computer dann betriebsbereit.

Zur Eingabe von Zahlen diente die **M**anual **D**ata **I**nsertion **U**nit (MDIU). Sie bestand aus einer Zehnertastatur und einer Anzeige für 7 Dezimalzahlen. An ihr gab es noch drei Knöpfe um eine Anzeige zu löschen (Clear), eine Adresse auszulesen (Read out) und einen Schalter um Daten zu übergeben (Enter). Mit einem Kippschalter konnte der Computer ein-/ausgeschaltet werden. Die Anzeige war unterteilt in:

Zwei führende Ziffern: Sie gaben an, welche Adresse ausgelesen/geschrieben wird. Bis zu 99 Adressen konnten so angesprochen werden. Die folgenden 5 Ziffern gaben den Inhalt des Speichers als Dezimalzahl aus. Eine negative Zahl wurde mit einer führenden "9" ausgegeben.

Die zweite Anzeige war die Geschwindigkeitsanzeige "**I**ncrement **V**elocity **I**ndicator" IVI. Sie hatte drei Anzeigen für je drei Ziffern. Je eine für jede Raumrichtung. Die Software wurde so verbessert, dass die Besatzung diese Anzeige zu "Nullen", also die Relativgeschwindigkeit auf null reduzieren konnte.

## Kommunikation

Der Bordcomputer war vorprogrammiert. Die Routinen waren fest, es war nicht vorgesehen die Software während des Flugs auszutauschen, doch dies war auch bei allen folgenden Systemen so. Was möglich war, war die Ausgangswerte für die Berechnungen vom Boden zu übertragen. Das einfache Protokoll übertrug dazu 24 Bit, die sich in 6 Bits Adresse und 18 Bits Daten aufteilten. Damit konnten 64 Worte direkt angesprochen werden. Doch war dies ungenügend. Denn so war nur ein Teil des Speichers für Werte nutzbar und zudem konnten nur 18 Bits anstatt 26 Bits übertragen werden, was einen Genauigkeitsverlust auf 5 Dezimalziffern bedeutete.

Daher gab es ein erweitertes Protokoll, bei dem in die Adressen 20 und 21 (octal) zwei Worte geschrieben wurden. Wenn dies erfolgte, so wurden die 18 Bits dieser beiden Adressen zusammengelegt. Die 36 Bit breite Struktur bestand nun aus einem 26-Bit-Datenblock und einer 10 Bit breiten Adresse. So konnte ein Viertel des Speichers direkt angesprochen werden. Bei Funkkontakt wurden alle 2,4 Sekunden 21 Statusworte aus dem Speicher des Instrumentationssystems zur Bodenstation übertragen.

## Geschichtliche Bedeutung

Der GDC bewährte sich bei Gemini. Erstmals war auch während des Wiedereintritts die räumliche Lage der Kapsel veränderbar. Dadurch sollten die Unsicherheiten für eine Punktlandung verringert werden. Auch dies war ein Test für Apollo, das einen sehr schmalen Korridor ansteuern sollte und während des Wiedereintritts aktiv steuern sollte.

Bei der ersten bemannten Mission, Gemini 3, gab der Bordcomputer, aufgrund seiner Berechnung andere Werte für die finalen Korrekturen vor der Landung, als vorher in Windkanaltests ermittelt worden war. Die Missionskontrolle gab daraufhin die Anweisung an die Besatzung, diese zu ignorieren und die Werte einzugeben, die man bei diesen Tests ermittelt hatte. Gemini 3 wurde daher von Hand gesteuert und Grissom und Young landeten 65 km vom Zielpunkt entfernt. Bei der Auswertung zeigte sich, dass der GDC die korrekten Korrekturen berechnet hatte und die von der Bodenkontrolle berechneten falsch waren - man hatte vergessen, die verbrauchte Luft und das abgegebene Wasser beim Gewicht zu berücksichtigen. Bei Gemini 8 konnte der Bordcomputer zwar nicht die Mission retten, aber er sorgte dafür, dass Gemini 8 sehr nahe am Zielpunkt für die Notwasserung niederging (nur 11 km von der Vorgabe entfernt) und so schnell von einem Rettungsflugzeug gesichtet wurde. Die Genauigkeit für eine Punktlandung wurde zum Ende des Gemniprogramms immer besser. Gemini 9 wasserte nur 0,7 km vom Zielpunkt entfernt. Der Bordcomputer konnte die Kapsel bis auf 4 km genau an die Bergungsflotte heranführen. Den Rest machten manuelle Korrekturen der Astronauten in der aerodynamischen Phase aus. Nach Gemini 8 blieben alle Missionen unter einer Abweichung von 10 km.

| Gemini Bordcomputer (GDC) | |
|---|---|
| Taktfrequenz: | 500 kHz (Prozessor), 250 kHz (Speicher) |
| Architektur: | 13/26 Bit, bitserielle Verarbeitung |
| Geschwindigkeit: | Maximal 7000 Befehle/s, typisch 140 µs pro Befehl (70 Takte pro Instruktion) |
| Speicher: | Ringkernspeicher |
| Speichergröße: | 12.288 Worte zu je 13 Bit Breite = 159.744 Bits (19,5 KByte) |
| Organisation: | 64 x 64 Bit pro Modul, 39 Module |
| Bandlaufwerk: | 1,17 MBit Nettokapazität, Lesegeschwindigkeit 440 Bit/s. |
| Ein/Ausgabe | Drehschalter um Modi zu wählen<br>Ausgabe der Speicheradresse und des Inhalts<br>Geschwindigkeitsanzeige in drei Raumrichtungen<br>Zehnertastatur und Kippschalter zur Dateneingabe/Steuerkommandos |

## *Kommunikation*

Die Kommunikation bestand aus drei Bereichen: Sprachübertragung, Datenübertragung und Bahnverfolgung / Abstandsmessung. Die Sprachübertragung erfolgte im UHF und HF Band. Über sie war auch eine Sprachübertragung zwischen den beiden Astronauten (wenn beide bei einer EVA die Raumanzüge trugen) möglich. Zwei Sender/Empfänger gab es im UHF-Band, einen weiteren im HF-Band.

Die Telemetrie zum Boden wurde ebenfalls im UHF-Band gesandt und empfangen. Dazu gab es drei Sender und zwei Empfänger mit jeweils einem Summier- und Dekodierteil. Die drei Sendeantennen waren im 120 Grad Winkel um die Kapsel angebracht. Sie sandten mit 1 kW Spitzenleistung im Pulsbetrieb und wurden auch zur Ortung der Kapsel genutzt. Übertragen wurden, zusammen mit der Telemetrie, 325 biomedizinische und technische Werte. Dazu sandten drei Sender auf Frequenzen von 230,4, 246,9 und 259,7 MHz. Ein Magnetbandgerät zeichnete diese auf, wenn das Raumschiff nicht im Empfangsbereich einer Bodenstation war. Es gab ein Magnetband für die Daten und einen Sprachrekorder. Die Datenrate betrug 51,2 kbit/s bei Realzeitdaten und 115,2 kbit/s bei der Wiedergabe das Bandes. Analoge Daten, wie beispielsweise die Gespräche der Besatzung, wurden mit 22-facher Geschwindigkeit zum Boden übermittelt. Die interne Uhr arbeitete mit GMT (**G**reenwich **M**ean **T**ime) und alle Daten bekamen eine Zeitmarke, welche in Intervallen von einer Achtelsekunde erhöht wurde. Dazu gab es einen Zeitgeber mit einer maximalen Abweichung von 35 Teilen pro 1 Million in 24 Stunden.

*7. Abbildung: Innenansicht des Cockpits*

Weitere Sender waren notwendig, um vom Boden aus die Bahn zu verfolgen. Zwei Peilsender im C-Band bei einer Frequenz von 5.765 MHz und im S-Band wurden dazu vom Boden geortet sowie Ort und Geschwindigkeit durch Messung von Winkel und Dopplerverschiebung bestimmt.

Dazu kam ein 32 kg schweres Rendezvousradar im L-Band, welches im Pulsbetrieb arbeitete. Mit ihm wurde der Abstand zur Agena Oberstufe und die relative Geschwindigkeit festgestellt. Ab 400 km Entfernung konnte es eine Agena erfassen sowie Distanz, relative Geschwindigkeit und Annäherungsrichtung und -Winkel bestimmen. Es hatte eine Leistungsaufnahme von 80 Watt. Wenn die Kapsel in eine Agena Rakete mit Adapter einrastete, so konnte, über einen Kommandokanal, die Agena von der Besatzung gesteuert werden.

## *Navigationsausrüstung*

Eine redundant vorhandene Navigationsplattform lieferte die Daten für die räumliche Ausrichtung der Kapsel. Sie wog 59 kg und beinhaltete drei Kreisel und drei Beschleunigungssensoren (jeweils einen für jede Raumrichtung). Die Daten wurden zum Computer weitergeleitet, der daraus die Position im Raum berechnete.

Experimentell versuchten die Besatzungen, ihre Position im Raum auch von Hand mit Hilfe eines Sextanten zu bestimmen. Dies erwies sich jedoch als sehr schwierig und ungenau. Aufgrund der Erfahrungen von Gemini wurde bei Apollo ein Sextant fest in die Wand montiert und semiautomatisch (mit Computerunterstützung) bedient. Dieses System erwies sich, anders als das Gemini System, als sehr genau und leicht bedienbar.

| Wiedereintrittseinheit: Subsysteme | |
|---|---:|
| Länge | 3.35 m |
| Maximaler Durchmesser | 2.32 m |
| Gesamtgewicht | 1.983 kg |
| Struktur | 638 kg |
| Hitzeschutzschild | 144 kg |
| Lageregelungssystem | 133 kg |
| Fallschirme | 98 kg |
| Navigationseinrichtungen | 62 kg |
| Telekommunikation | 51 kg |
| Elektrische Systeme | 125 kg |
| Bordcomputer | 26 kg |
| Sitze und Crewausrüstung | 426 kg |
| Verschiedenes | 99 kg |

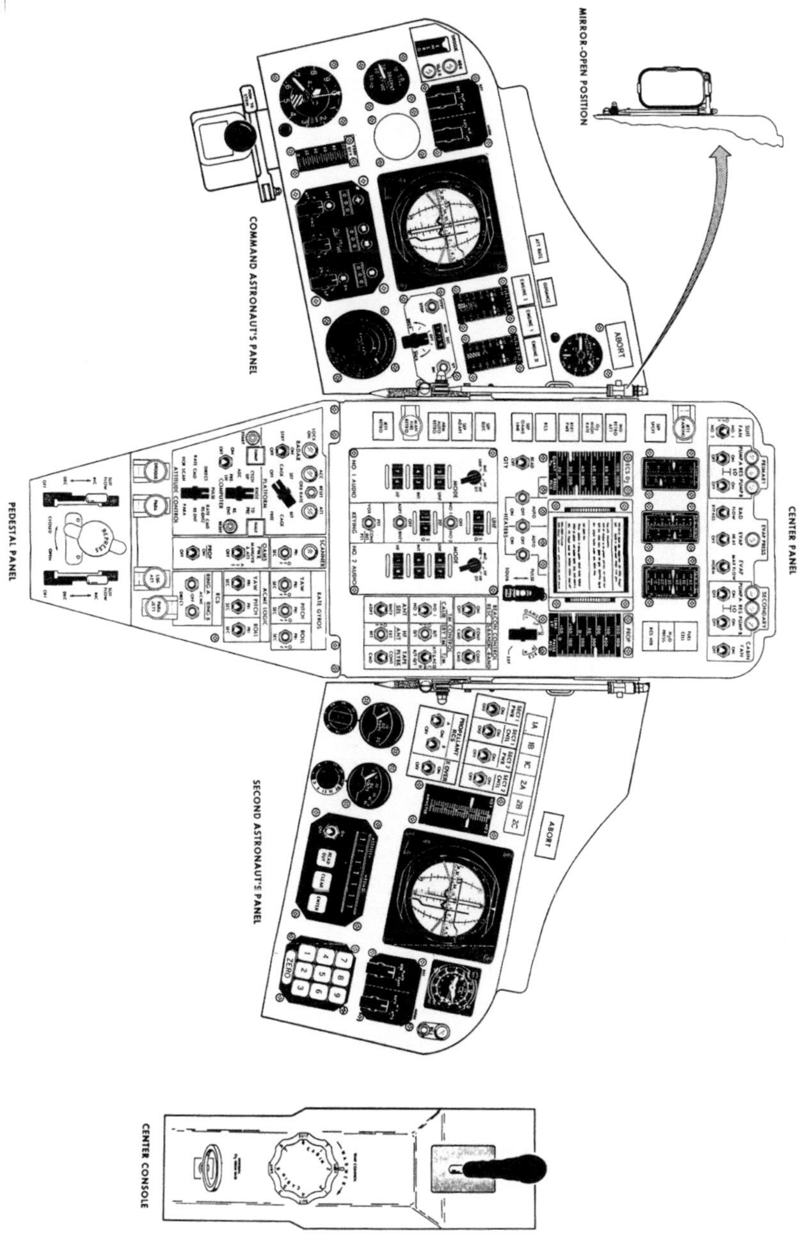


*Abbildung 8: Die Steuerkonsole des Raumschiffs (Bild: NASA)*

# *Rettungssysteme / Landung*

In den ersten Konzeptionen plante die NASA, die Kapsel mittels eines Paragliders aktiv an Land zu landen. Dazu kam ein ausfahrbares Landefahrwerk. Dies versprach einige Vorteile. Zum einen sparte es Kosten ein, denn die Wasserungen waren nur mit der Hilfe der US Navy möglich. Im Zielgebiet hielt sich ein Flottenverband aus sieben bis neun Zerstörern, einem Flugzeugträger und etlichen Suchflugzeugen auf. Das erforderte 8.000-10.000 Soldaten und dies verursachte entsprechende Kosten. Zum Zweiten wäre so eine Landung auf dem Gebiet der USA so möglich. Geplant war die Landung auf der Edwards Air Force Base in Kalifornien. Ein Bremsfallschirm hätte sich in 18 km Höhe entfaltet, gefolgt von dem Gleitfallschirm in 14 km Höhe. Der Kommandant hätte mit dem 9,7 × 12,8 m² großen Fallschirm dann die Kapsel aktiv zum Landeplatz hin steuern sollen. Unterstützung für dieses System bekam die NASA von der Air Force, die ihre Gemini Kapseln in jedem Falle auf einer US-Militärbasis landen wollte.

Das Paragliderkonzept machte allerdings einen Rettungsturm unmöglich. Da der Mercury Turm zudem einige technische Probleme hatte, und bei einem Start von selbst los ging, schien es logisch, auf ihn zu verzichten. Weiterhin waren die Treibstoffe der Titan nicht so explosiv wie die der Atlas. Die Treibstoffe entzündeten sich bei Kontakt und bildeten so zwar eine Flammenfront, jedoch kein explosives Gemisch. Dies machte es nicht notwendig, die Kapsel schnell aus dem Gefahrenbereich heraus zu bringen. Eine normale Abtrennung wäre ausreichend gewesen.

So kam die NASA auf folgende Lösung zur Rettung der Besatzung:

- Das Rettungssystem bestand aus zwei Schleudersitzen für Pilot und Copilot. Da die Kapsel wegen der geplanten EVA-Arbeiten sowieso sehr weit öffnende Türen erhielt, war nach Absprengung der Tür genügend Platz vorhanden, um die Astronauten auf ihren Schleudersitzen ohne Kollisionsgefahr außen zu befördern. Die geringere Spitzenbeschleunigung der Titan erlaubte es, auf die bei Mercury eingesetzten Konturensitze zu verzichten und angepasste Schleudersitze einzusetzen.

- Die Schleudersitze in der Kapsel können nur in geringer Höhe eingesetzt werden (optimal unter 11 km). Darüber wird das ganze Raumschiff von der Trägerrakete abgetrennt und die Astronauten steigen aus, wenn sie in einer Höhe sind, die den Einsatz der Schleudersitze erlaubt. (Abort Mode I; bis 50 s nach dem Start)

- In einer Höhe von 25 bis 91 km sollte die Kapsel mit den Retroraketen von der Ausrüstungseinheit abgesprengt werden. Sie landet dann, wie bei einer normalen Rückkehr aus dem Orbit, am Fallschirm. (Abort Mode 2)

- Bei größeren Höhen (91-160 km Höhe) sollte nach der Abtrennung eine suborbitale Bahn durchflogen werden und die normale Wiedereintrittsprozedur durchlaufen werden. (Abort Mode 3)

Wenn die Schleudersitze ausgelöst werden, passiert Folgendes:

- Eine Rakete befördert über ein Katapult die beiden Schleudersitze nach außen. Der Treibsatz brennt 0,25 s lang.

- 0,45 s nach dem Auslösen hat die Besatzung die Kapsel verlassen.

- Nach 1,5 s werden die Gurte für den Sitz gelöst. In dieser Zeitspanne hat sich der Sitz bis zu 30 m in der Höhe und 210 m quer zur Kapsel bewegt. Der Pilot verlässt nun den Sitz.

- 2,3 s nach dem Abtrennen des Sitzes wird ein 8,50 m großer Nylon Fallschirm entfaltet, an dem der Pilot dann zur Erde schwebt.

Es gab Widerstände gegen dieses Konzept, vor allem von der Missionskontrolle. Bei einer Explosion auf der Startrampe hätten die Schleudersitze nicht ausgereicht, die Astronauten weit genug von der Rampe zu befördern. (Zu geringe Höhe und zu geringer Winkel zur Horizontalen). Bei einem späteren „Ausstieg" hätten wahrscheinlich die Astronauten durch die Beschleunigungsspitze von 20 g schwere körperliche Schäden davon getragen. Das Paragliderkonzept wurde im Mai 1964 fallen gelassen, weil bei Tests im Windtunnel sich die Leinen verhedderten. Er wäre erst spät zur Verfügung gestanden. So war für die ersten Flüge sowieso ein alternatives Landesystem notwendig. Deswegen verzichtete die NASA später ganz auf den Paraglider. Als diese Entscheidung fiel, war die Grundkonzeption der Kapsel schon weitgehend fertig und ein Rettungsturm hätte eine weitgehende Revision erfordert. Daher blieb es bei der Lösung mit den Schleudersitzen.

Der Kopplungsadapter an der Spitze der Kapsel war 1.52 m lang und wies einen Durchmesser von 98 cm an der Basis und 82 cm an der Spitze auf. Die Kopplung erfolgte durch drei Haken bei der Gemini Kapsel, die in drei Vertiefungen auf der Agena Seite einrasten mussten. Dies registrierten drei Schalter pro Haken, wodurch auch ein schiefes Einhaken ausgeschlossen werden konnte. Dies löste ein System aus Federn und elektromechanischen Aktoren aus, welche dann eine feste Verbindung zwischen den beiden Raumfahrzeugen herstellten. Der Adapter bestand aus einem Skelett aus Titan, verkleidet mit Berylliumplatten und einer abschließenden Schicht aus einer 0.038 mm dicken Inconel Folie. Die darunter liegende Nase bestand aus mit Fiberglas verstärktem Kunststoff. Sie war mit 24 Bolzen angebracht und wurde vor der Fallschirmauslösung abgesprengt. Die Fallschirme saßen unterhalb der Nase.

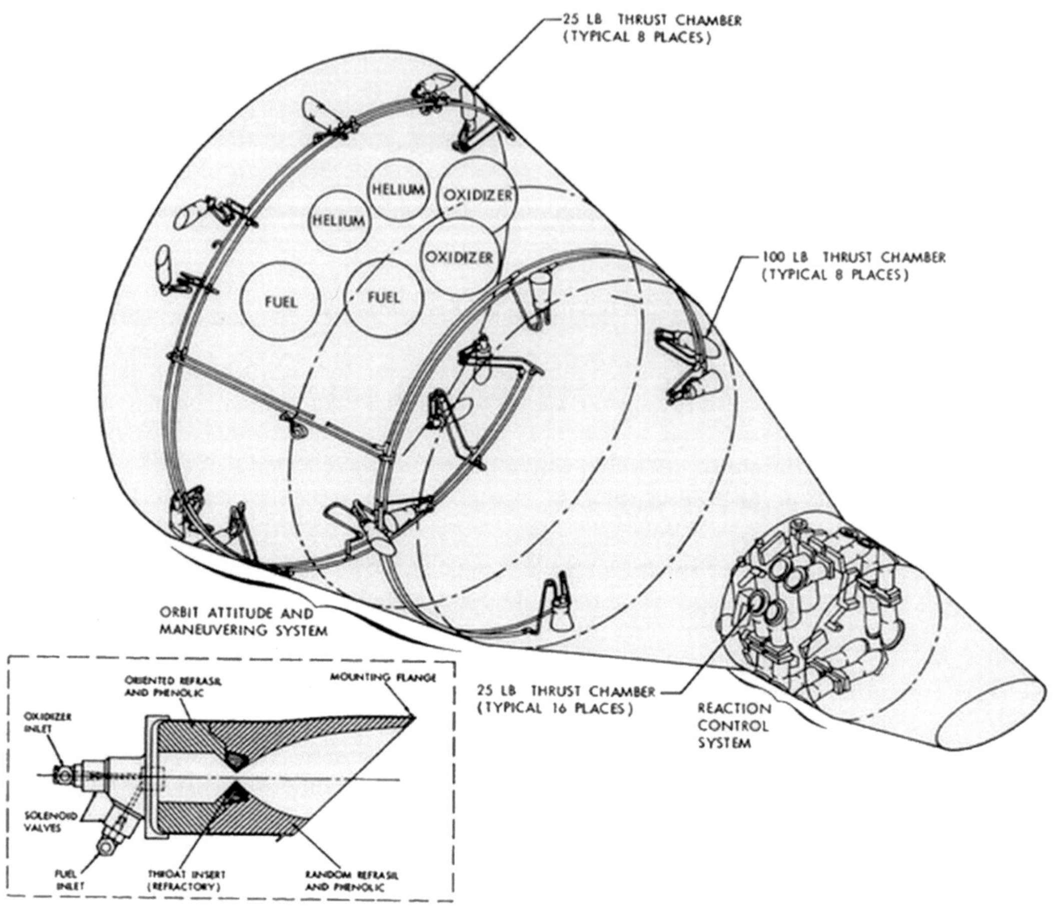


*Abbildung 9: Position der einzelnen Triebwerke im Gemini Raumschiff (Bild: NASA)*

## Die Bremseinheit

Diese Einheit, im wesentlichen ein kleiner Zylinder zwischen Wiedereintrittseinheit und Ausrüstungseinheit, hatte zwei Funktionen: Zuerst sollte sie im Falle eines Fehlstarts die Kapsel von der Ausrüstungseinheit trennen. Die zweite Aufgabe war die Durchführung des Wiedereintritts. Die Bremseinheit bestand daher im Wesentlichen aus mehreren, hohen Schub entwickelnden, Feststofftriebwerken sowie einigen kleinen Triebwerken zur Stabilisierung und Drehung der Kapsel.

Zuerst drehten die Lageregelungstriebwerke des OAMS das Raumschiff, sodass der Hitzeschutzschild und die Bremsraketen gegen die Flugrichtung ausgerichtet waren. Die Ausrüstungseinheit hatte ihren Dienst nun getan. Sie wurde abgetrennt. Dann zündeten die Triebwerke gegen die Flugrichtung und bremsten das Raumschiff um 101 m/s ab. Nun wurde die Bremseinheit selbst abgetrennt. Die maximale Beschleunigung betrug bei der Landung 4 g, verglichen mit 7 g beim Start und 7,7 g bei Mercury.

Es gab vier Retroraketen mit einem festen Treibstoff auf der Basis von Polysufiden als Verbrennungsträger mit Ammoniumperchlorat als Oxidator. Jede Rakete hatte einen Schub von 11.07 kN bei einer Brenndauer von 5.44 s. Sie wurden kreuzweise nacheinander gezündet. Der Gesamtimpuls eines Triebwerks betrug 61.400 Ns. Jede Rakete wog 29,5 kg, davon entfielen 25 kg auf den Treibstoff. Alle vier Raketen mit der Befestigung wogen zusammen 131 kg. Zusammen mit den RCS-Triebwerken in der Ausrüstungseinheit konnte der Landepunkt um 40 Meilen quer zu Flugrichtung und 500 Meilen längs zur Flugrichtung verschoben werden.

Der Ring für die Wiedereintrittseinheit konnte, weil er nicht wieder eintreten musste, aus Aluminium gefertigt werden. Er bestand aus acht Stringern zur Verstärkung sowie zwei Böden. Die Außenverkleidung bestand aus acht Berylliumblechen.

| Bremssektion | |
|---|---:|
| Länge: | 0.92 m |
| Maximaler Durchmesser: | 2.59 m |
| Masse: | 591 kg |
| Strukturen: | 160 kg |
| Lagekontrolle: | 200 kg |
| Bremsraketen: | 131 kg |
| davon Treibstoff: | 100 kg |

# Die Ausrüstungseinheit

Die Ausrüstungseinheit enthielt das Lebenserhaltungssystem, die Triebwerke und die Stromversorgung für den größten Teil der Missionsdauer. Sie bestand vor allem aus einer leichtgewichtigen Aluminiumlegierung mit Magnesiumanteilen. Die einzelnen Streben hatten „I" Form. Das Heckteil bestand aus einem Fiberglasschild, welches zur maximalen Emission von Wärme mit Gold überzogen war. Die Seitenteile waren an der Oberfläche mit einer Zinkoxidschicht über einer Kaliumsilikatbasis weiß überstrichen, um die Wärmeaufnahme zu minimieren. Diese Schutzschicht kam bei allen Teilen zum Einsatz, die keinen Temperaturen höher als 315°C ausgesetzt waren.

## *Lageregelungssysteme*

Das **O**rbit **A**ltitude and **M**anöver **S**ystem (OAMS) war verantwortlich für die Bahnveränderungen, die räumliche Fixierung der Lage der Kapsel und Andockmanöver an einen GATV. Es war für zwei Aufgaben spezifiziert: eine Zweitagesmission mit Ankopplung an einen GATV und eine 14 Tage Mission ohne Kopplung. Für die Kopplungsmanöver wurde viel Treibstoff benötigt, weil der Orbit an den des GATV angleichen werden musste. Das OAMS bestand aus 16 kleinen Triebwerken, die mit der Kombination Monomethylhydrazin und Stickstofftetroxid arbeiteten. Gefördert wurde der Treibstoff durch Stickstoffdruckgas. Das gewählte Mischungsverhältnis von MMH zu Stickstofftetroxid von 2,0 erlaubte es, für beide Treibstoffe gleich große Tanks zu verwenden. Alle Tanks waren redundant vorhanden, so gab es je zwei Oxidator-, Treibstoff- und Drucktanks.

- Es gab acht Düsen in vier Paaren in einem 90 Grad Abstand rund um die das Heck von jeweils 378 N Schub. Die Düsen wiesen schräg von der Kapseloberfläche weg. Damit konnte das Raumschiff gedreht werden.

- Vier weitere Düsen in einem zweiten 90 Grad Ring befanden sich am Bug der Ausrüstungseinheit. Sie hatten 448 N Schub und ihre Düsen schauten senkrecht zur Oberfläche. Platziert nahe am Kapselschwerpunkt, konnten diese Triebwerke die Kapsel im Raum verschieben.

- Vier weitere Triebwerke im 180 Grad Winkel am Bug und Heck zeigen nach vorne oder hinten. Sie wurden immer paarweise gezündet und beschleunigten die Kapsel oder bremsten sie ab. Die nach hinten gerichteten Triebwerke zur Vorwärtsbeschleunigung hatten 448 N Schub, die nach vorne gerichteten, zum Abbremsen, verfügten über 378 N Schub.

Die 378 N-Triebwerke wurden von sechs Treibstofftanks mit je einem Durchmesser von 38,6 cm Durchmesser und 27,8 l genutztem Volumen gespeist. Helium Kaltgas unter einem Druck von 221 bar ergab einen Betriebsdruck von 23 bar in den Tanks.

Für die größeren Triebwerke gab es größere sphärische Tanks von 56 cm Durchmesser. Sie wurden mit 67.1 l Treibstoff respektive 87,7 l Oxidator gefüllt. Der spezifische Impuls des Triebwerks lag bei 2.745 m/s. Maximal konnte die Geschwindigkeit um 222 m/s geändert werden. Die kleinste Brenndauer im Pulsbetrieb betrug 0,02 s. Die Querreichweite der Kapsel lag bei 1 Meile (1,6 km). Der Orbit konnte also quer zur Erde nur um 1,6 km verschoben werden, was eine sehr genaue Einhaltung des Startzeitpunkts bei dem Rendezvous nötig machte. Das OAMS hatte eine Elektronik zur Steuerung, welche sowohl in mehreren vorgegebenen Betriebsmodi arbeiten konnte, als auch eine Handsteuerung ermöglichte. Horizontsensoren lieferten der Steuerung Daten über die räumliche Lage der Kapsel relativ zur Erde. In der Kapsel gab es zwei dreistellige Anzeigen für den verbleibenden Treibstoff für jedes System. Das Subsystem wog bei Zweitagesmissionen 468 kg und bei 14 Tage Missionen 192,4 kg. Der Unterschied resultiert daraus, dass es bei 14 Tage Missionen keine Kurskorrekturen gab und nur geringe Änderungen der räumlichen Lage. Im Gegensatz dazu führten die Zweitages Missionen mehrere Kopplungen durch. Weiterhin musste bei den Langzeitmissionen Gewicht beim OAMS einspart werden, um mehr Vorräte sowie Wasserstoff und Sauerstoff für die Brennstoffzellen mitzuführen.

*Abbildung 10: Schnittbild durch das Raumschiff (Bild: NASA)*

## Stromversorgungssystem

Die zur Stromversorgung eingesetzten Brennstoffzellen lieferten pro Tag bis zu 21,6 kWh elektrische Energie. Sie wurden erstmals in einem Raumfahrzeug eingesetzt. Die Entscheidung fiel früh im Januar 1962, als klar war, dass Batterien für die geplanten Langzeitmissionen zu schwer waren. Ihre Entwicklung verlief jedoch langsam und so standen sie erst bei der Gemini 5 Mission zur Verfügung. Jede Zelle arbeitete mit 32 Kammern mit einer Ionenaustauschermembran. Sie erzeugte Strom, indem in einem alkalischen Milieu Sauerstoff mit Wasserstoff zur Reaktion gebracht wurden und die dabei freigesetzte Reaktionsenergie in elektrischen Strom umgewandelt wurde. Jede Kammer lieferte eine Spannung von 0,8 V. Das Gesamtsystem eine von 28,8 V. Das Wasser wurde abgeschieden und aus der Zelle entfernt, sodass die Zelle kontinuierlich Strom lieferte. Um die nötige Zuverlässigkeit zu gewährleisten, wurden mindestens zwei Brennstoffzellen eingesetzt. Jede hatte eine Dauerleistung von 1.000 Watt und konnte alleine genügend Strom für das Raumschiff liefern. Diese Technologie war damals technisches Neuland. Gemini war einer der ersten Einsätze von Brennstoffzellen in der Praxis.

Das Gewicht der Brennstoffzellen mit den Vorratstanks für Wasserstoff und Sauerstoff lag je nach Missionsdauer zwischen 127 und 226 kg. Das Volumen betrug zwischen 0,226 und 0,452 m³. Sie lieferten zwischen 50 und 151 kWh elektrische Energie, wobei bis zu 90 kg Wasserstoff und Sauer-

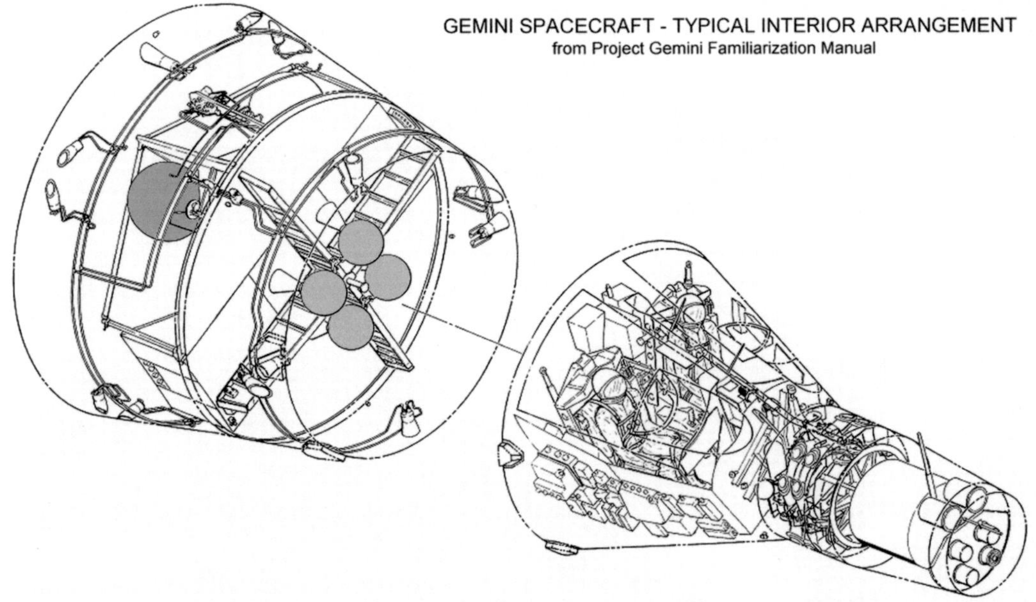


*Abbildung 11: Subsysteme des Raumschiffs (Bild: NASA)*

stoff zu Wasser umgesetzt wurden. Die maximale Stromabgabe lag bei 60 A über längere Zeiträume (Stunden) und 70-90 A für kurze Zeiträume. Die Maximalleistung betrug 4,0 kW.

Die ersten Missionen (Gemini 1-4 und 6) arbeiteten noch mit Batterien. Sie verfügten über eine 400 Ah Silberzink Batterie aus 16 Zellen. Drei Batterien von jeweils 53,2 kg Gewicht hatten eine Gesamtkapazität von rund 38,4 kWh.

Der Sauerstoff wurde in flüssiger Form in Tanks gelagert, um Gewicht zu sparen. Beim Wasserstoff war dies wegen des niedrigen Siedepunktes nicht möglich. Das erzeugte Wasser wurde in einen Vorratstank in die Wiedereintrittseinheit geleitet, wo es die Astronauten entnehmen konnten. Es gab einen 7 l Tank in der Kabine und einen größeren 20 l Tank in der Ausrüstungseinheit.

An der Ausrüstungseinheit befand sich ein konusförmiger Adapter zur Bremseinheit, der aus einer Magnesiumlegierung bestand. Er war an drei mit Titan verstärkten Positionen an der Ausrüstungseinheit angebracht. Nach dem Abtrennen der Bremseinheit verblieb der Adapter bei der Ausrüstungseinheit an der Kapsel. Die Abtrennung erfolgte über 24 Sprengbolzen.

Zur Trägerrakete hin gab es einen zylindrischen Adapter von 3,05 m Durchmesser, der an vier Positionen über Edelstahlbolzen mit der Ausrüstungseinheit verbunden war. Dieser wurde mit Sprengbolzen 3,7 cm über der zweiten Stufe, nachdem diese ausgebrannt war, abgetrennt. Dieser Adapter diente, wie auch jener der Ausrüstungseinheit, als Radiator zur Abgabe überschüssiger Wärme.

| Ausrüstungseinheit | |
|---|---:|
| Länge: | 1.40 m |
| Maximaler Durchmesser: | 3.05 m |
| Startgewicht: | 1.277 kg |
| Davon Struktur: | 250 kg |
| Davon Lageregelungssystem: | 60 kg |
| Davon Telemetrieausrüstung: | 40 kg |
| Davon elektrisches System: | 294 kg |
| Davon verschiedene Ausrüstung: | 75 kg |
| Davon Lebenserhaltung: | 117 kg |
| Davon Triebwerke: | 120 kg |
| Davon Treibstoffe: | 322 kg |

*Abbildung 12: Gemini 6A, fotografiert von der Besatzung von Gemini 7 im Orbit. Sehr deutlich ist die Aus-rüstungseinheit von hinten zu erkennen. (Bild: NASA)*

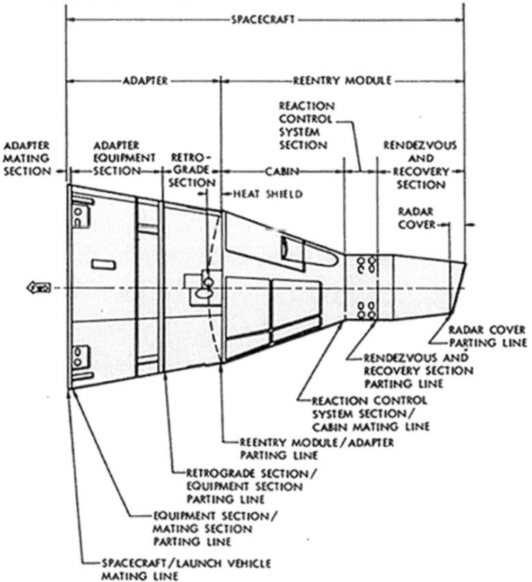


*Abbildung 14: Die einzelnen Sektionen des Gemini Raumschiffs und Mission Control mit Gene Kranz an der Konsole*

# Bodenanlagen

Mercury wurde noch von Cape Kennedy aus gesteuert, vom Kontrollzentrum neben der Startanlage. Gemini wurde ab der zweiten bemannten Mission vom neu gebauten **Mission Control Center** (MCC) in Houston aus gesteuert. Verglichen mit Mercury waren die Entwicklungssprünge enorm: Anstatt Daten und Befehle in Kürzeln von Hand über Fernschreiber zu und von den Empfangsstationen rund um den Globus zu senden und zu empfangen, gab es nun direkte Leitungen zu den Konsolen der Flugkontrolleure, die in Echtzeit die Messwerte des Raumschiffs sahen. Das Team bestand aus 17 Personen im Kontrollteam; jede konnte auf weitere Unterstützung in den hinteren Räumen zugreifen. Vorne war eine Rückprojektionswand mit drei Schirmen, davor standen die Konsolen für das Flugkontrollteam. Die wichtigsten Konsolen hatten ein Rufzeichen um die Kommunikation zu beschleunigen.

- **Mission Direktor**: verantwortlich für die Mission als Ganzes.

- **Public Affairs Officier (Pao)**: Verantwortlich für den Kontakt zu den Medien, erklärte in Normalsprache, was gerade im Jargon über den Funkkanal ausgetauscht wurde.

- **Department of Defense Representative (Dod)**: Verbindungsoffizier zur Air Force.

- **Flight Director (Flight)**: verantwortlich für die Flugkontrolle und Chef des Kontrollteams.

- **Assistant Flight Director**: Assistent und Vertreter des Flight Directors, wenn dieser den Raum verließ.

- **Network Controller (Network)**: Überwachte das Netz der Bodenstationen.

- **Operations and Procedures Officier (Ops)**: Verbindung zwischen dem Kontrollzentrum und dem Netz der Bodenstationen.

- **Vehicle Systems Engineer (Systems)**: Überwacht die elektrischen, mechanischen und Lebenserhaltungssysteme an Bord von Gemini und beim Koppeln der Agena.

- **Flight Surgeon (Surgeon)**: Beobachtet die medizinischen Werte der Besatzung.

- **Spacecraft Communicator (Capcom)**: War die einzige Person, die mit den Astronauten direkt sprach und alle Anfragen sammelte und weiterleitete. Dies war immer ein anderer Astronaut. Die Astronauten mochten die Abkürzung Capcom wegen Cap von „Capsule" gar nicht, da sie Gemini nicht als Kapsel, sondern als Raumschiff ansehen. Zumindest die offizielle Bezeichnung wurde auf „Spacecraft Communicator" angepasst, das Rufzeichen aber nicht, wohl, weil "Capcom" griffiger war.

- **Flight Dynamics Officier (Fido)**: Überwachte die Bahn vom Abtrennen von der Titan bis zur Landung. Berechnete notwendige Korrekturen und gab diese an die Besatzung weiter.

- **Retro-fire Officier (Retro)**: Berechnete und überwachte die Retromanöver und gab den Bergungskräften die Informationen über die wahrscheinliche Position, wo die Kapsel niedergehen würde.

- **Guidance Officier (Guido)**: Überwachte den Flug der Titan (Triebwerke). Während des Orbits überwachte er die Treibstoffvorräte und Triebwerke der Raumschiffs.

- **Booster System Engineers (Booster)**: Überwachte die Tankdrücke der Titan beim Aufstieg.

- **Experiments Officier (Experiments)**: Ersetzte „Booster", nachdem Gemini einen Orbit erreicht hatte; überwachte die Experimente und aktualisierte Arbeitspläne, abhängig vom Missionsverlauf.

- **Assistant Flight Dynamics Officier**: überwachte die Titan Aufstiegsbahn und meldete alle Anomalien.

- **Maintaince and Operations Supervisor**: verantwortlich dafür, dass die Maschinerie des MCC funktionierte.

Es gab vier Kontrollteams unter der Leitung von Gene Kranz (weißes Team), Chris Kraft (rotes Team), Glynn Lunney (schwarzes Team) und John Hodge (blaues Team). Während der Mission wechselten sich die Teams in acht Stunden Schichten ab. Das vierte Team stand bereit, um bei Problemen unabhängig vom Flugbetrieb nach einer Lösung zu suchen. Das kam bei Gemini nicht vor (Gemini 8 musste vorzeitig beendet werden, doch dies geschah so schnell, dass es dazu keines weiteren Teams bedurfte), aber bei Apollo 13 wurde das weiße Team zum „Tiger Team" und suchte nach einer Lösung um Apollo sicher nach Hause zu bringen. Kraft wechselte zur Apollo-Missionsplanung nach Gemini 7. Hodge zu den Vorbereitungen für Apollo nach Gemini 8 und wurde ersetzt durch Cliff Charlesworth (grün). Kranz wechselte zu Apollo nach Gemini 9, sodass die letzten drei Missionen nur von zwei Teams betreut wurden. Dies ging, da diese Missionen kürzer waren und maximal vier Tage dauerten.

Das Gebäude 30 wurde nach Gemini noch für Apollo und eine Zeit lang für das Space Shuttle eingesetzt. Erst 1995 wurde der Flugbetrieb dort eingestellt.

Was noch nicht möglich war, war eine lückenlose Abdeckung aller Orbits. Es gab 13 Bodenstationen in den USA und in anderen Ländern, doch die Ozeane konnten nur durch zwei Schiffe mit Empfangsantennen abdeckt werden – zwei Schiffe reichten nicht aus, um bei jedem Orbit einen Kontakt zu erhalten. So wurden diese so platziert, dass es Funkkontakt in den kritischen Missionsphasen gab. Dass dies nicht ausreichend war, zeigte sich bei Gemini 8.

In Houston wurde die Computerausstattung enorm verbessert. Nun konnte die Flugkontrolle jederzeit auf IBM Großrechner zurückgreifen, um Szenarien und Alternativen durchzuspielen. Eingesetzt wurden im MCC insgesamt fünf IBM 7094 Computer mit einer Wortbreite von 36 Bit und einem Takt von 0,7 Mhz. Der Hauptspeicher von 64 KWorte wurde auf 512 KWorte erhöht, um auch umfangreiche Simulationen durchführen zu können. Benötigt für eine Mission wurden zwei Rechner, die anderen führten Simulationen durch oder standen bereit für Notfälle. Es gab Simulatoren mit Modellen der Gemini Kapsel, sowohl am Cape als auch in Houston. Der Simulator am Cape diente dem Training der laufenden Mission und für Notfälle, um diese dort nachzuvollziehen. Der Simulator in Houston diente zur Vorbereitung der nächsten Mission.

Trotzdem bezeichneten sowohl Astronauten als auch die Missionskontrolle, die Möglichkeiten als verbesserungswürdig. Gewünscht waren neben einem Simulator für Notfälle mindestens zwei weitere, um die laufende und die folgende Mission zu trainieren; besser vier, damit auch die Back-up-Crew unabhängig von der Primärbesatzung trainieren konnte. Doch dies war nicht möglich, weshalb rund um die Uhr trainiert wurde, was die Arbeitsbelastung der Astronauten stark erhöhte und dazu führte, dass diese während des Programms ihre Ehefrauen und Kinder kaum noch zu Gesicht bekamen.

Alle Flüge fanden von Cape Canaveral von der Startrampe 19 aus statt. Als die USAF noch ein eigenes Blue Gemini Programm (siehe S.121) plante, wurde zeitweise erwogen, die Startrampe 16, ein ehemaliges Launchpad der Pershing, für Starts der Titan 2 umzurüsten. Dazu kam es jedoch nicht. Da die Titan weitaus kürzere Startvorbereitungszeiten hatte, als die als „kompliziert“ angesehene Atlas, kam die USAF aber selbst bei der Doppelmission Gemini 6/7 mit nur einer Startrampe aus. Die Umbauarbeiten am Launchpad 19 waren dagegen aufwendig. Es musste der Startturm verlängert und ein „White Room“ für den Transfer der Astronauten errichtet werden. Da der Startturm aber horizontal lagerte und erst vor dem Start in die Vertikale geschwenkt wurde, durfte dessen Gewicht nicht zunehmen. Die Air Force löste das Problem, indem sie den ganzen oberen Teil des Startturms abriss und aus Aluminium (anstatt Stahl) neu baute.

*Abbildung 15: Fotomontage aus Gemini 10 Start und Aufrichten des Startturms. (Bild: NASA)*

# Trägerraketen und Kopplungsziele

Parallel zu der Entwicklung der Gemini Kapsel arbeitete die USAF an der Verbesserung der Titan Trägerrakete und der Entwicklung eines Kopplungsziels. Dieser Abschnitt behandelt die Titan Trägerrakete und die Agena Oberstufe.

Gemini konnte auf zwei schon vor dem ersten unbemannten Gemini Flug auf erprobte Systeme zurückgreifen: die Agena Oberstufe, welche seit 1959 eingesetzt wurde, und die Titan 2, welche ihren Erstflug im Juni 1962 hatte.


## Die Titan 2

Als Trägerrakete für Gemini wurde die Interkontinentalrakete Titan 2 gewählt. Die Titan 2 war das Nachfolgemodell der Titan 1, welche mit der Treibstoffkombination flüssiger Sauerstoff und Kerosin arbeitete. Die Titan 1 war die erste zweistufige Interkontinentalrakete der USA und der Nachfolger der Atlas Rakete. Wie die Atlas war auch die Titan 1 nur als Erstschlagswaffe geeignet.

Schon während der Erprobung der Titan 1 begann die Entwicklung der Titan 2. Die US Luftwaffe hatte mit der Titan 1 zwar eine leistungsfähigere Rakete als die Atlas zur Verfügung, jedoch benötigte die Rakete für die Startvorbereitung etwa 15-20 Minuten. Dies lag an der Explosionsgefahr, welche vom Sauerstoff ausgeht. Die Rakete musste aus dem Silo erst hinausgefahren werden, bevor sie gestartet werden konnte. Die Betonsilos der Titan sollten zwar einem Atombombenangriff widerstehen können, doch selbst die Luftwaffe nahm an, dass nur ein Teil der Raketen nach einem Erstschlag würde starten können. Dazu war das hydraulische System, das einen massiven Betondeckel zur Seite bewegen und eine 100 t schwere Rakete dann um 30 m anheben sollte, zu komplex.

Weiterhin musste der flüssige Sauerstoff laufend aufgetankt werden, da er bei -183 Grad Celsius verdampfte. Dichtungen und Ventile wurden durch die Kälte stark beansprucht und mussten oft ausgetauscht werden. Die Luftwaffe war daher bestrebt, eine Alternative zu finden, die jederzeit startbereit war, und somit auch als Abschreckung gegen einen Erstschlag fungieren konnte.

Für die Titan 2 wurde daher eine neue Treibstoffkombination gewählt. Es handelte sich um die Kombination von Stickstofftetroxid ($N_2O_4$) als Oxidator und einer Mischung aus jeweils 50 Prozent UDMH (unsymmetrisches Dimethylhydrazin ($CH_3)_2$-N-$NH_2$) und Hydrazin $H_2$N-$NH_2$ – genannt „Aerozin-50" – als Treibstoff. Die Mischung hatte den praktischen Nutzen, dass bei dem gewählten Verhältnis der beiden Komponenten die Treibstofftanks gleich groß waren, was die Produktion erleichterte. Die Verwendung dieser Kombination erlaubte es, die Startzeit auf unter drei Minuten zu reduzieren. Ermöglicht wurde dies durch den Umstand, dass beide Treibstoffe lagerfähig waren, und es selbst bei Flammen um die Rakete, wie sie bei einem Silostart auftreten, keine Explosionsgefahr gab. Nachteilig war lediglich, dass diese Kombination einen etwas geringeren Energiegehalt als die bei der Titan 1 eingesetzte Kombination hatte, sodass die neue Rakete schwerer wurde.

Die Titan 2 verfügte über einen Atomsprengkopf mit einer Sprengkraft von bis zu 9 Megatonnen TNT Äquivalent und 3.700 kg Gewicht. Sie war der letzte Träger, der einen einzelnen, so großen Sprengkopf trug. Die Titan 2 hatte eine Reichweite von 10.200 - 16.600 km und erreichte damit alle Ziele in der Sowjetunion und ihren Verbündeten. Die Rakete hatte durch ihren großen Sprengkopf und ihre Reichweite, die Aufgabe strategisch besonders wichtige Ziele anzugreifen. Jede Rakete hatte in ihrem Bordrechner ein fest einprogrammiertes Ziel. Neu war eine interne Navigation mit Kreiseln als Referenzsystem, anstatt der bisherigen Radiosteuerung, bei der die Rakete auf einen Sender am Boden angewiesen war. Damit war die Rakete nach dem Start autonom und konnte ihr Ziel erreichen, selbst wenn die Basis unmittelbar nach dem Start zerstört wurde.

Die Titan war die größte Interkontinentalrakete, die von den USA jemals in Dienst gestellt wurde. Sie hatte eine Länge von 31,40 m und einen Durchmesser von 3.05 m. Die Startmasse lag bei 149,5 t. Gebaut wurde die Titan von Martin. Später fusionierte Martin mit Marietta zu Martin-Marietta und ist heute Bestandteil des Lockheed Konzerns.

Im Jahre 1959 unterbreitete Martin den Vorschlag für die Entwicklung der Titan 2 aus der Titan 1. Wichtig war, dass Martin aus der Titan 1 relativ einfach die Titan 2 entwickeln konnte. Die Triebwerke mussten nur auf den Betrieb mit Aerozin-50/Stickstofftetroxid umgerüstet und im Schub gesteigert werden, da die Treibstoffe eine höhere Dichte aufweisen. Zudem wurde der Durchmesser der zweiten Stufe von 2,44 auf 3,05 m vergrößert, womit sie deutlich schwerer wurde. Das Triebwerk in der ersten Stufe, LR-87-3, verbrannte Stickstofftetroxid mit Aerozin-50 im Verhältnis 1.9:1. Zwei getrennte, gleich große Treibstofftanks nahmen den Treibstoff auf.

Der Schub jeder Brennkammer betrug 1.096 kN im Vakuum, der spezifische Impuls lag bei 2.903 m/s. Dieser Wert war durch einen höheren Brennkammerdruck von 47 bar und einem Entspannungsverhältnis von 9 sogar noch höher als bei den Triebwerken der Titan 1. Die beiden

## Der spezifische Impuls

Der spezifische Impuls ist eine wichtige Kenngröße für einen Antrieb. Je höher er ist, desto weniger Treibstoff benötigt eine Rakete, um eine vorgegebene Geschwindigkeit zu erreichen. Er hängt vor allem von der Treibstoffkombination, aber auch der technischen Auslegung des Triebwerks ab. Er ist ein Maß für die mittlere Ausströmgeschwindigkeit der Gase, wenn diese die Düse verlassen, und hat die Dimension einer Geschwindigkeit [m/s] = [N×s/kg]. Wird im Imperial-Einheitensystem (USA) gerechnet, dann ergibt sich ein ungefähr zehnmal niedrigerer Wert mit der Einheit einer Zeit [s]. Wird dieser Wert mit der Erdbeschleunigung multipliziert, erhält man den spezifischen Impuls in SI-Einheiten.

Brennkammern waren an eine gemeinsame Turbopumpe und Gasgenerator angeschlossen. Dies ist bei amerikanischen Triebwerken selten, bei russischen Konstruktionen jedoch die Regel. Die beiden Brennkammern sind in einem gemeinsamen Rahmen fixiert und können somit nur gemeinsam bewegt werden.

Die Lageregelung erfolgte in der Nick- und Gierachse durch hydraulisches Schwenken beider Triebwerke. In der Z-Achse (Rollachse) wurden dazu die Abgase des Gasgenerators genutzt, expandiert durch eine Düse. Die Verbindung zur zweiten Stufe stellte ein Gitterrohradapter her. Zum Schutz hatte die erste Stufe stirnseitig einen Ablativschild, der eine Explosion durch die Flammen der zweiten Stufe verhindern sollte. Die zweite Stufe zündete, sobald der Schub der ersten Stufe auf 68% abgefallen ist. Die Stufentrennung erfolgte eine Sekunde später. Diese Technik der „heißen" Stufentrennung ersparte das Zünden in der Schwerelosigkeit. Die Sprengbolzen wurden erst aktiviert, als das Triebwerk der zweiten Stufe schon in Betrieb war. Die Verbindung zwischen den beiden Stufen wurde dabei in Stücke zersprengt.

Das einzelne Triebwerk LR 91-3 der zweiten Stufe musste weniger stark in der Leistung gesteigert werden. Sein Schub von 444,8 kN wurde durch einen höheren Brennkammerdruck von 50 bar und einem Entspannungsverhältnis von 45 erreicht. Dadurch war auch der spezifische Impuls von 3.100 m/s deutlich höher als beim Triebwerk der ersten Stufe. Die Titan 2 war in der Konstruktion wesentlich konventioneller als die Atlas. Anstatt durch Druck versteifte Tanks, verwandte sie normale Tanks aus Edelstahl mit bis zu 8,5 mm Wandstärke. In beiden Stufen waren die Tanks getrennt, ohne gemeinsamen Zwischenboden. Die Druckbeaufschlagung geschah durch die Abgase der Turbinen. Das Triebwerk LR-91-3 war, wie das Triebwerk der ersten Stufe, hydraulisch schwenkbar, und auch hier wurden die Abgase des Gasgenerators zur Rollsteuerung genutzt.

Die Titan 2 ersetzte schon 1962 die erste Version der Titan. 54 Raketen wurden stationiert. Sie blieb als Interkontinentalrakete bis 1982 im Einsatz. Danach begann die Ausmusterung, die bis 1987 dauerte. Nach Ausmusterung der Titan 2 wurden 13 der Raketen erneut als Trägerraketen eingesetzt. Dies geschah von 1988-2003.

Weit mehr Einsätze hatte das Nachfolgemodell Titan 3 zu verzeichnen. Zwei angeflanschte Feststoffraketen steigerten die Nutzlast bei dieser Version auf das Dreifache. Die Titan 3 und das Nachfolgemodell Titan 4 waren von 1967-2005 der Standardträger für schwere Nutzlasten der US Luftwaffe. Inzwischen ist auch sie ausgemustert und durch Delta IV und Atlas V ersetzt worden.

## Die Titan im Gemini Programm

Im November 1963 wählte die NASA die Titan 2 als Träger des bemannten Gemini Raumschiffes. Das war eine reine Zwecklösung. Kein anderer Träger mit der geforderten Nutzlast war zu diesem Zeitpunkt verfügbar. Die Titan 2 litt zu diesem Zeitpunkt noch unter schweren Kinderkrankheiten. Tests der US Air Force endeten teilweise mit Explosionen der Rakete. Für eine bemannte Mission musste ihre Zuverlässigkeit erheblich verbessert werden. Die Gesamtauslegung der Titan versprach jedoch weitaus weniger Probleme als die Atlas, da ihr Entwurf einfacher war und es weniger Subsysteme gab – jedes konnte Ursache eines Problems sein. So gab es siebenmal weniger Relais, achtmal weniger Kabelverbindungen und sechsmal weniger Ventile als bei der Atlas. In der Tat gelangen dann auch alle 12 Starts einer Titan.

Allerdings verlief das Flugerprobungsprogramm zuerst anders. Am 28.12.1961 fand der erste statische Test der ersten Stufe statt; am 16.3.1962 der erste Flugtest, noch ohne Oberstufe, und am 7.6.1962 schließlich mit Oberstufe. Diese entwickelte zu wenig Schub, was die Nutzlast um rund 320 kg reduziert hätte. Schon der erste Flug zeigte den Pogo Effekt: Die Triebwerke verursachten unzulässige Vibrationen in der vertikalen Achse der Rakete. Die NASA schaltete sich schon frühzeitig in die Entwicklung mit ein, schließlich galt es bis 1965 die Rakete „man rated" zu bekommen, also geeignet zum Transport von Astronauten. Beim ersten Test gab es eine Beschleunigungsspitze in der Querachse von ±2,5 g, wobei 1 g der Erdbeschleunigung von 9.81 m/s$^2$ entspricht. Diese führten bei folgenden Testflügen zu starken Vibrationen und Ausfällen der Triebwerke. Das Militär hatte diesen Schwingungen keine große Bedeutung zugemessen, da für einen nuklearen Sprengkopf erst wesentlich höhere Beschleunigungen gefährlich werden. Für ein bemanntes Raumschiff musste dieser Wert jedoch auf ein Zehntel gesenkt werden. Die NASA leistete Hilfe bei der Verbesserung der Triebwerke, sodass die Vibrationen aufhörten. Ein erhöhter Tankdruck, Tankleitungen aus Aluminium anstatt Stahl (geringere Zugfestigkeit und Steifheit) und Anpassungen an den Triebwerken für einen höheren Schub reduzierten den Wert auf ± 0,6 g.

Die Air Force wollte die Verbesserungen nun einstellen. Dies war völlig ausreichend für eine militärische Rakete und die triebwerksbedingten Ausfälle blieben aus. So kam es am 29.3.1963 zu einem Gipfelgespräch, denn die Air Force wollte ihre Mittel lieber in andere Programme investieren, anstatt an einem Problem weiter zu arbeiten, welches sie für gelöst erachtete.

Die NASA hatte die Titan 2 jedoch schon als Trägerrakete für Gemini auserkoren und drang auf eine Reduktion der Vibrationen auf maximal 0.25 g. Untersuchungen in Zentrifugen zeigten, dass dies das Maximum war, das der Besatzung zugemutet werden konnte. Auch war das Problem, dass die zweite Stufe immer wieder einen Schubabfall hatte, nicht gelöst. Bei 10 der ersten 20 Testflüge, so rechnete die NASA vor, hätte bei einem bemannten Einsatz die Besatzung die Mission abbrechen müssen. Wegen der Bedeutung der Titan für das Gemini Projekt wurde entschieden, dass die Air

Force weitere 3 Millionen Dollar im Jahre 1963 plus 17 Millionen Dollar im Jahre 1964 in die Verbesserung der Titan investieren sollte. Alle weiteren Kosten müsste dann die NASA tragen. Es dauerte bis zum 25. Testflug am 1.11.1963, bis ein Start erstmals mit Beschleunigungsspitzen von nur 0.11 g die NASA Anforderungen erfüllte. Weiterhin wurde das Triebwerk der zweiten Stufe einer Revision unterzogen, da sich bei Bodentests bei Aerojet eine Instabilität des Brennverhaltens gezeigt hatte. Dadurch war der Schub geringer, als angenommen er hätte nicht ausgereicht, um die Gemini Kapsel in einen Orbit zu befördern. Damit war nun auch die Ursache der Minderleistung der zweiten Stufe gefunden. Die genannten Änderungen kosteten die Air Force 25 Millionen und die NASA 2.95 Millionen Dollar. Die Maßnahmen führten auch zu einer Steigerung der Zuverlässigkeit der Titan. Die letzten 12 der insgesamt 33 Testflüge verliefen erfolgreich.

Martin fertigte keine besondere Titan für Gemini, sondern entnahm die Titan für diesen kleinen Auftrag aus der laufenden Produktion in Denver und lies sie in einer weiteren Fabrik bei Middle River, Maryland umrüsten. Die dortigen Martin Ingenieure waren erstaunt über das, was angeliefert wurde und nach Ansicht von Don Caldwell, der dort angestellt war, waren die Raketen für die Air Force von „schlechter Qualität und Sub-Standard". So waren die ersten angelieferten Triebwerke versehen mit nachträglichen Schweißnähten und wurden prompt retourniert. Dasselbe passierte mit den nächsten beiden Triebwerken. Es wurden beschädigte Kühlröhren in den Düsen gefunden, welche einen antisymmetrischen Schub induzierten – das war bei einer militärischen Rakete bedeutungslos, da durch das Steuersystem kompensierbar, aber für eine bemannte Rakete nicht akzeptabel. Die Lösung war eine Röntgenstrahlendurchleuchtung der Düse. Die Beschwerden von Middle River führten dazu, dass man in Denver die Produktion wesentlich verbesserte und auch die Air Force erheblich zuverlässige Träger ausgeliefert bekam.

Die Titan 2 konnte eine Nutzlast von maximal 4.180 kg in den Orbit befördern. Dies war mehr als das Sprengkopfgewicht der ICBM (3.803 kg) und lag noch etwas über dem Maximalgewicht einer Gemini-Kapsel mit 3.810 kg. Damit dies möglich war, wurden die Stufen stärker befüllt. Die NASA selbst bezeichnete sie als „Gemini Launch Vehicle" (GLV).

15 Raketen wurden für das Geminiprogramm zusätzlich gefertigt. Sie erhielten eine modernere elektronische Steuerung und vier Retroraketen an der zweiten Stufe, welche die ausgebrannte Stufe von dem Gemini Raumschiff trennten. Die Treibstoffzuladung wurde erhöht und die 7-er Versionen der Triebwerke wiesen eine etwas höhere Leistung als die 5-er Versionen in den ICBM auf. Sie waren jedoch vor allem sicherer.

Zusätzlich wurden zahlreiche Systeme redundant ausgelegt. Weiterhin wurde ein MDS (**M**alfunction **D**etection **S**ystem) installiert. Es überwachte mittels Sensoren die Drücke in Tanks, Leitungen sowie den Schub der Triebwerke und war in der Lage, einen Ausfall der Steuerung zu erkennen. Konkret gab es folgende Ereignisse, die zu einem Alarm oder Informationssignal führten:

- Zu niedriger Brennkammerdruck in Brennkammer 1 der ersten Stufe.
- Zu niedriger Brennkammerdruck in Brennkammer 2 der ersten Stufe.
- Abweichender Druck im Oxidatortank in beiden Stufen.
- Abweichender Druck im Treibstofftank in beiden Stufen.
- Zu hohe Beschleunigungsraten in allen drei Raumachsen.
- Stufentrennungssignal erhalten und Durchführung der Stufentrennung.
- Umschaltung auf die Reservesteuerung aufgrund Fehlfunktion der Primärsteuerung.

Aufgrund des damaligen Standes der Elektronik war eine Überwachung aller Parameter der Rakete nicht möglich, daher überwachte das MDS nur die wesentlichen Parameter. Es gab insgesamt 54 Messsensoren in der Rakete. Bei einem Defekt nach dem Start (in der ersten Stufe) hätte das MDS automatisch die Stufentrennung durchgeführt. Eine erkannte Störung führte zum Aufleuchten einer Leuchte in der Gemini Kapsel. Die Abtrennung der Kapsel von der zweiten Stufe erfolgte durch die Astronauten, die durch das MDS von einer Fehlfunktion lediglich informiert wurden. So war noch immer der Astronaut für die eigene Sicherheit verantwortlich. Zum Auslösen der Kapseltrennung oder der Schleudersitze musste der Kommandant einen T-förmigen Griff drehen.

Martin untersuchte im Auftrag der NASA ausführlich, wie hoch das Risiko des Ausfalls oder Störungen von Subsystemen der Titan 2 war und welche Auswirkungen dies gehabt hätte. So wurden über 150 Aufstiegsbahnen mit und ohne Fehlfunktionen durchgerechnet und die Mercury Astronauten mussten mit einem Mockup der MDS Anzeige interagieren. Das Resultat war, dass die kürzest geforderte Reaktionszeit, die es gab, während des Betriebs der ersten Stufe auftrat. Bei einem Ausfall eines der Triebwerke konnte innerhalb einer Sekunde eine so hohe Quer-beschleunigung auftreten, dass die Besatzung bewusstlos geworden wäre. Wenn dies bei der maximalen aerodynamischen Belastung geschah, dann wäre nach 2 s zusätzlich die Hülle der Kapsel beschädigt worden. Umgekehrt zeigten die Versuche mit den Mercury Astronauten, dass eine Sekunde zum Entscheiden nicht ausreichte. Als Folge wurde das MDS doppelt abgesichert und bekam einen automatischen Modus für den Betrieb während der ersten Stufe, wenn Signale eine gravierende Havarie nahe legten.

Auch das Steuersystem wurde verändert. Die Titan 2 hatte in der militärischen Version ein Intertialsystem; das heißt, sie war nach dem Start autonom. Sie bestimmte mittels Kreiseln ihre Lage im Raum und mittels Beschleunigungssensoren ihre Geschwindigkeit. Eine Elektronik maß Abweichungen vom Sollkurs und korrigierte automatisch nach. Die Version für das Gemini Programm setzte dieses System nur für die erste Stufe ein. Die zweite Stufe bekam ein Radiolenk-system. Dabei folgt die Rakete einem Funkleitstrahl vom Boden aus. Das System war redundant vorhanden: einmal in der zweiten Stufe und einmal in der Gemini Kapsel. Bei einem Ausfall konnte innerhalb von 50 ms von einem auf das andere System umgeschaltet werden. Dadurch wurde die

Zuverlässigkeit der Steuerung von 0.887 auf 0.995 erhöht. Das Radiolenksystem erlaubte von außen mehr Eingriffe in die Lenkung, war aber durch die Notwendigkeit von Funkleitstationen deutlich aufwendiger.

Der ASC-15 Bordrechner setzte einen Trommelspeicher mit 70 Spuren ein, davon wurden 54 verwendet. Die Trommel rotierte mit 6.000 U/min. Eine Spur nahm 64 Worte zu je 27 Bit auf. Die Bahn wurde zweimal pro Sekunde berechnet, die Geschwindigkeit 20-mal pro Sekunde während des Betriebs der zweiten Stufe und 40-mal beim Betrieb der Venierdüsen. Eine Verbesserung, die durch Gemini eingeführt wurde, war ein Gerät zur Messung des Treibstoffverbrauchs. Der erste Start, Gemini 1, brachte eine Überraschung: Der Orbit war um 34 km zu hoch und die Kapsel um 26 m/s zu schnell. Die Ursache war, dass die Titan zu viel Treibstoff an Bord hatte. Es gab keine Möglichkeit den Treibstoffverbrauch beim Hochlaufen der Triebwerke zu messen und die erste Stufe war so ausgelegt, dass sie den kompletten Treibstoff verbrauchte. So wurden die Treibstofftanks sicherheitshalber zu voll gefüllt. Es wurde ein Messgerät entwickelt, mit dem der beim Hochlaufen benötigte Treibstoff gemessen werden konnte und damit trat das Problem bei den folgenden Flügen nicht mehr auf.

Schon nach zwei unbemannten Testflügen erfolgte der erste bemannte Start. Dies war möglich, da die Titan 2 als militärischer Träger schon damals 32 Flüge hinter sich hatte. Sie konnte daher als ausgereift betrachtet werden. Der erste Start fand am 8.4.1964 statt, der Letzte von zwölf Flügen am 11.11.1966. Die höchste Nutzlastmasse, die transportiert wurde, waren 3.798 kg. Allerdings erreichten die schweren Gemini-Kapseln nur einen niedrigen Orbit, den sie dann mit ihren Triebwerken anheben mussten. Es gab missionsspezifische Anpassungen. So konnte nach dem Fehlstart des GATV 6 (**Gemini Agena Target Vehicle**) die Gemini 7 Kapsel nicht auf die GLV 6 (**Gemini Launch Vehicle**) montiert werden, da sie zu schwer war. Die GLV 6 wurde demontiert und die GLV 7 am Startplatz zusammengebaut. Für die damalige Zeit gab es sehr hohe Ansprüche an das Startfenster, welches bei Kopplungsflügen nur 2 bis 300 Sekunden lang war. Der

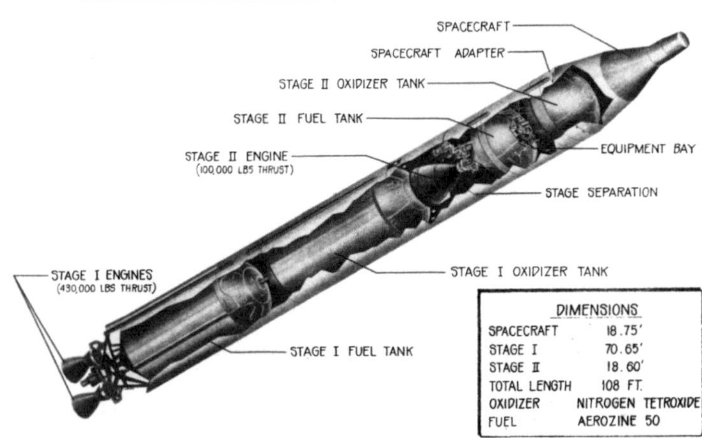


*16. Abbildung: Aufbau der Titan II für Gemini*

54

Zielkörper wurde eine Erdumkreisung, also 100 Minuten, vor der Gemini Kapsel gestartet. Die Astronauten saßen schon in der Kapsel, wenn von der Startrampe 14 eine Atlas mit dem GATV abhob. Mehr als einmal mussten sie wieder aussteigen, weil der Start des Zielkörpers scheiterte.

Insgesamt gaben NASA und Air Force 283,3 Millionen Dollar für die Titan 2 im Gemini Programm aus. Dies umfasste alle zwölf Starts und die Kosten für Veränderungen an Air Force Trägern. Geplant waren ursprünglich einmal 113 Millionen Dollar. Alleine 86,1 Millionen Dollar machten die Maßnahmen zur Verbesserung der Zuverlässigkeit aus. Bestellt wurden 15 Exemplare, von denen zwölf gestartet wurden. Die Fertigungskosten einer Titan waren bedeutend niedriger: 1965 zahlte die NASA 10 Millionen Dollar pro Stück. Die Umrüstung hatte die Rakete drastisch verteuert, denn für eine ICBM bezahlte die USAF nur 3.045.872 Dollar. Es war die erste Ausgabe, die rapide anstieg: Schon im März 1962 waren 164 Millionen nötig.

| Gewichtsbilanz Titan II ICBM Version / Gemini 10 | | |
|---|---|---|
| **Stufe 1** | **ICBM** | **Gemini 12** |
| Nutzbar: Aerozin-50: | 38.215 kg | 40.524 kg |
| Nutzbar: Stickstofftetroxid: | 73.754 kg | 77.943 kg |
| nutzbare Sicherheitsreserve: | 129 kg | 136 kg |
| Davon nicht nutzbare Reste: | 500 kg | 185 kg |
| Treibstoff für Start/Stopp (oben nicht enthalten) | 609 kg | 1.641 kg |
| Trockengewicht: | 4.386 kg | 4.937 kg |
| Gesamt: | 116.310 kg | 123.150 kg |
| Stufenadapter und Retroraketen: | 279 kg | |
| **Zweite Stufe** | **ICBM** | **Gemini 12** |
| Aerozin-50: | 9.380 kg | 9.808 kg |
| Stickstofftetroxid: | 16.884 kg | 17.335 kg |
| Davon für den Triebwerksstart vor der Trennung verbraucht: | 45 kg | 87 kg |
| Davon Sicherheitsreserve: | 29 kg | |
| Nicht nutzbare Reste: | 113 kg | |
| Davon für die Vernierphase: | 69 kg | |
| Brennschlussgewicht: | 2.367 kg | 2.814 kg |
| Trockengewicht: | 2.186 kg | 2.757 kg |
| Startgewicht: | 28.545 kg | 29,901 kg |

| Zeit | Ereignis bei Gemini 12 |
| --- | --- |
| -290 min | Inbetriebnahme der Geminikapsel. |
| -230 min | Simulation des Starts der Titan. |
| -215 min | Überprüfung der Abschalt- und Selbstzerstörungseinrichtungen. |
| -140 min | Überprüfung des Fehleranzeigesystems. |
| -35 min | Umlegen des Montagebaums. |
| -10 min | Umschalten auf interne Stromversorgung für die Kapsel. |
| -6 min | Letzte Überprüfung der Trägerrakete und der Geminikapsel. |
| -90 s | Umschalten der Titan auf interne Stromversorgung. |
| -47 2 | Öffnen der Vorventile der ersten Stufe. |
| -15 2 | Scharfmachen der Selbstzerstörungseinrichtungen. |
| -3.229 s | Start der Triebwerke. |
| -1,82 s | Nennschub erreicht. |
| -0,202 s | Verbindungsleinen abgetrennt, Haltebolzen freigegeben. |
| 0 s | Abheben (Zeitbasis). |
| 8,00 s | Rollprogramm beginnt. |
| 20,48 s | Abschluss Rollprogramm. |
| 23,05 s | Start Neigeprogramm. |
| 118,96 s | Stopp Neigeprogramm. |
| 153,30 s | Zündung zweiter Stufe in 70 km Höhe. |
| 153,36 s | Brennschluss erste Stufe. |
| 154,09 s | Stufentrennung. |
| 168,35 s | Umschalten auf Radiolenkung. |
| 340,88 s | Abschalten der Triebwerke der zweiten Stufe. |
| 360,90 s | Abtrennung Gemini 12. |

<table>
<tr><th colspan="3" align="center">Datenblatt Gemini Titan (Gemini 12 Mission)</th></tr>
<tr><td colspan="3">

Einsatzzeitraum: 1964 – 1966<br>
Starts: 12, davon kein Fehlstart<br>
Zuverlässigkeit: 100% erfolgreich<br>
Abmessungen: 33,20 m Höhe<br>
    3,05 m Durchmesser<br>
Startgewicht: 156.426 kg<br>
Max. Nutzlast: 4.180 kg in einen 160 km hohen Orbit<br>
Nutzlasthülle: Keine eingesetzt<br>
Stufenadapter: 523 kg<br>
Startkosten: 10 Millionen Dollar

</td></tr>
</table>

| | Core 1 | Core 2 |
|---|---|---|
| Länge: | 19,20 / 21,40 m* | 8,20 / 5,80 m* |
| Durchmesser: | 3,05 m | 3,05 m |
| Startgewicht: | 123.150 kg | 29.901 kg |
| Trockengewicht: | 4.937 kg | 2.757 kg |
| Schub Meereshöhe: | 1.939 kN | – |
| Schub Vakuum: | 2.051 kN | 447 kN |
| Triebwerke: | 1 × LR 87-7 | 1 × LR 91-7 |
| Spezifischer Impuls (Meereshöhe): | 2560 m/s | – |
| Spezifischer Impuls (Vakuum): | 2720 m/s | 3039 m/s |
| Brenndauer: | 160 s | 192,4 s |
| Treibstoff: | NTO / Aerozin-50 | NTO / Aerozin-50 |

*: Die Stufenlänge der zweiten Stufe wird je nach Literatur unterschiedlich gemessen: Einmal von der Düsenmündung aus (8,20 m) und einmal vom Beginn des Tanks aus (5,80 m). Analog wird die Länge der ersten Stufe ohne Stufenadapter (19,20 m) und mit Stufenadapter (21,40 m) angegeben.

*17. Abbildung: Start der Gemini 4 Mission*

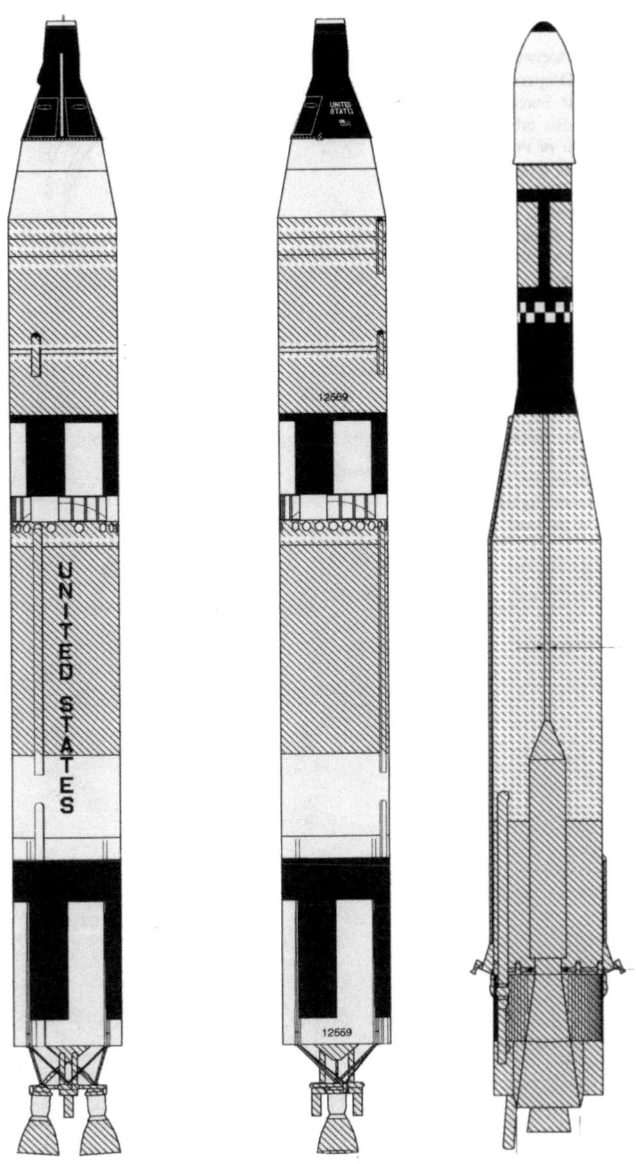

*Abbildung 19: Schema der Titan 2 in zwei Ansichten, einmal um 90 Grad gedreht, sowie der Atlas Agena D (Grafik: Peter Always)*

# Die Atlas-Agena

Die Kopplungsziele wurden mit Atlas Agena Trägerraketen, genauer gesagt „SLV-3 Agena D" gestartet. „SLV-3" war die Bezeichnung der NASA für die Atlas-Trägerrakete (**S**tandard **L**aunch **V**ehicle **3**). Sie konnte mit der Agena oder Centaur Oberstufe ausgerüstet werden, daher erfolgte noch der Zusatz „Agena D", um die verwendete Oberstufe zu charakterisieren.

Die Atlas war eine Standard Atlas, die zum Zeitpunkt des ersten Gemini schon über sechs Jahre im Dienst war. Atlas Trägerraketen hatten schon die Mercury Kapseln gestartet. Die SLV-3 Version war standardisiert worden, um die Anpassungen an verschiedene Oberstufen zu minimieren. Sie hatte eine verstärkte Hülle um schwere Oberstufen zu transportieren und setzte einen verbesserten Triebwerksblock MA-5 mit einem höheren Schub der Boostertriebwerke ein. Modernisiert wurde auch die elektronische Ausrüstung des Autopiloten.

Die Änderungen waren insgesamt jedoch klein. In den wesentlichen Leistungsdaten war die SLV-3 weitgehend vergleichbar mit den letzten Atlas-D, welche die Mercury Astronauten ohne einen

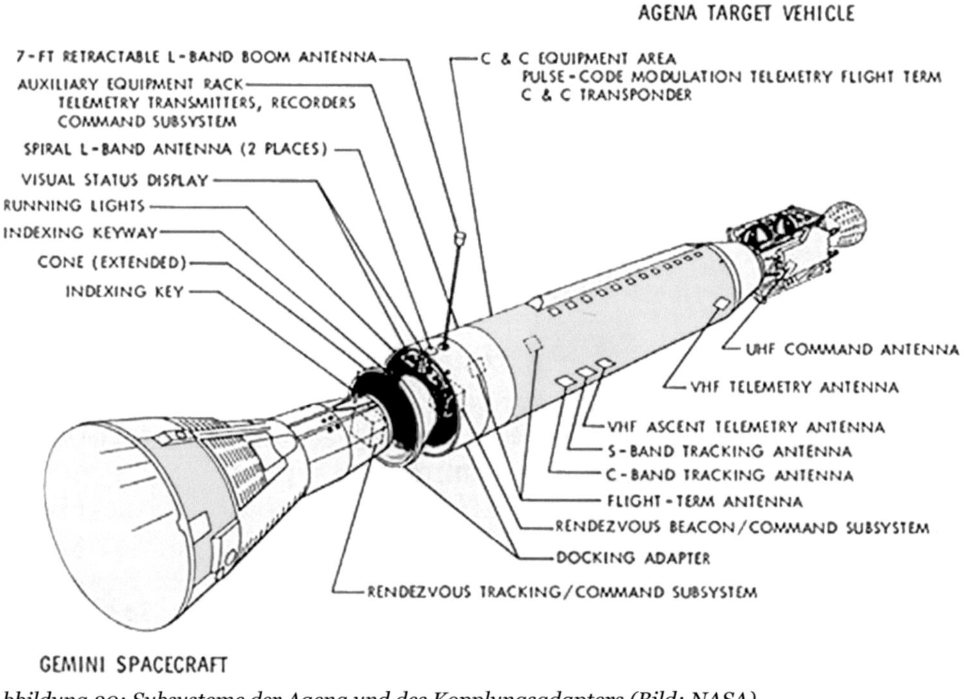

*Abbildung 20: Subsysteme der Agena und des Kopplungsadapters (Bild: NASA)*

Fehlstart (zumindest bei den bemannten Flügen) in den Orbit beförderte. So hatte die NASA kaum Zweifel an der Zuverlässigkeit der Atlas. Der ATDA startete mit einer Atlas ohne Oberstufe.

Die Starts der sieben Atlas-Trägerraketen kosteten die NASA 31,1 Millionen Dollar. Gestartet wurde die Rakete vom Launchpad 14 aus. Von diesem fanden vorher Atlas-Mercury Missionen statt, bevor es für den Start der Atlas-Agena umgebaut wurde. Als normale Trägerrakete hätte die Atlas-Agena D 3.600 kg Nutzlast befördern können. In einer frühen Projektphase, als das Mercury Mark II Programm noch weniger ambitioniert war, erwog die NASA auch den Start von Gemini mit der Atlas Agena, welche die damals noch leichtere Kapsel in einen Orbit hätte transportieren können.

| Ereignis beim Start eines Gemini GATV | Zeitpunkt |
|---|---:|
| Abheben | 0:00 |
| Start Rollprogramm | 0:02 |
| Stop Rollprogramm | 0:15 |
| Start Neigeprogramm | 0:83,5 |
| Brennschluss Boostertriebwerke | 2:11,5 |
| Abtrennung Boostertriebwerke | 2:14,5 |
| Brennschluss Zentraltriebwerk | 4:41 |
| Brennschluss Atlas Verniertriebwerke | 5:01 |
| Trennung Atlas – Agena | 5:07 |
| Zündung Agena | 6:05,5 |
| Abtrennung Nutzlastverkleidung | 6:09,5 |
| Brennschluss Agena-D | 9:09,18 |

| Datenblatt SLV-3 Atlas Agena D | | |
|---|---|---|
| Einsatzzeitraum: | 1963 – 1967 | |
| Starts: | 63, davon 4 Fehlstarts | |
| | 15 × Atlas Agena D (1963 – 1965) | |
| | 48 × Atlas SLV-3 Agena D (1964 – 1967) | |
| Zuverlässigkeit: | 93,5% erfolgreich | |
| Abmessungen: | 31,70 / 35,00 m Höhe, 4,90 maximaler Durchmesser: | |
| Startgewicht: | 127.000 kg | |
| Max. Nutzlast: | 850 kg in einen GTO-Orbit | |
| | 3.600 kg in einen LEO-Orbit | |
| | 2.270 kg in einen PEO-Orbit | |
| | 385 kg auf einen Fluchtkurs | |
| | 270 kg zum Mars | |
| Nutzlastverkleidung: | 5,40 m und 3,24 m Länge, 1,52 m Durchmesser, 317 kg Gewicht oder | |
| | 15,95 m Länge, 3,05 m Durchmesser, 1.798 kg Gewicht (nicht bei den GATV eingesetzt) | |
| Startkosten: | 6,24 Millionen Dollar, 4,42 Millionen Dollar ohne Agena | |

| | Booster | Sustainer | Agena D |
|---|---|---|---|
| Länge: | 4,90 m | 21,34 m | 6,73 m |
| Durchmesser: | 4,90 m | 3,05 m | 1,52 m |
| Startgewicht: | 3.162 kg* | 118.105 kg | 6.821 kg |
| Trockengewicht: | 2.958 kg | 3.179 kg | 684 kg |
| Schub Meereshöhe: | 1.467,9 kN | 253,5 kN | – |
| Schub Vakuum: | 1.667,4 kN | 386,3 kN | 71,2 kN |
| Triebwerke: | 1 × LR 89-5 | 1 × LR 105-5 | 1 × Bell 8096 |
| Spezifischer Impuls (Meereshöhe): | 2452 m/s | 2088 m/s | – |
| Spezifischer Impuls (Vakuum): | 2765 m/s | 3098 m/s | 2943 m/s |
| Brenndauer: | 120 s | 265 s | 265 s |
| Treibstoff: | LOX / Kerosin | LOX / Kerosin | Salpetersäure / UDMH |

*: Die Boostertriebwerke bilden einen eigenen Triebwerksblock. Gemeinsam mit dem Marschtriebwerk nutzen beide einen zentralen Tank. Nach 120 s wird der Triebwerksblock abgetrennt. Das angegebene Gewicht ist daher der des Triebwerksblocks.

*Abbildung 21: Start der Atlas-Agena mit dem GATV 11 am 12.9.1966 (Bild: NASA)*

# Die Agena

Die Agena war eine wichtige Oberstufe für das Gemini Programm. Das Gemini Programm sollte die Technologie und die Verfahrensweisen erproben, die im Apollo-Projekt benötigt wurden, was unter anderem auch durch Ankopplung an die Agena erreicht wurde.

Sie diente zum einen als Kopplungsziel: damit simulierte Gemini das An- und Abkoppeln der Mondlandefähre im Erd- und Mondorbit. Zum anderen veränderte das Raumschiff den Orbit mit der angekoppelten Agena. Das entsprach der Zündung des Triebwerks des Servicemoduls bei der Mondfähre. Zuletzt sollten die Astronauten auch Experimente auf der Agena abmontieren, analog der Bergung von Film aus dem Servicemodul bei den letzten Apollo Missionen.

Die Agena wurde ursprünglich für die Spionagesatelliten des „Key Hole" Programms von Lockheed für die Air Force entwickelt. In dem noch jungen Raumfahrtprogramm der USA hatte die Agena schon eine lange Einsatzhistorie vorzuweisen. Bis zum ersten Einsatz bei Gemini 8 hatte die Agena schon 192 Starts hinter sich. Es befand sich die dritte Version, genannt „Agena D", im Einsatz. Sie war von Juni 1962 bis Februar 1965 von Lockheed für 44,7 Millionen Dollar entwickelt worden. Von den 192 Starts der Agena entfielen 90 auf die Agena-D, davon erfolgten 28 auf der Atlas. Von diesen waren 26 erfolgreich. Es gab allerdings auch Fehlstarts mit der Agena, so strandeten die ersten beiden Ranger Raumsonden in einem nutzlosen Orbit, weil die Wiederzündung der Agena ausblieb. Die Flugplaner wollten daher beim Betrieb der Agena möglichst wenig riskieren.

Die Agena wurde auf drei verschiedenen Trägerraketen, der Thor, Atlas und Titan, eingesetzt und war die Standardoberstufe der Air Force. Die hohe Startzahl resultierte durch die häufigen Starts von Spionagesatelliten. Die frühen Aufklärungssatelliten der USA arbeiteten mit Film. Nach dem Belichten des Films war der Aufklärungssatellit nutzlos (die frühen Typen waren daher auch batteriebetrieben) und für eine zeitnahe Aufklärung mussten sehr viele Satelliten – zu Spitzenzeiten ein Start pro Woche – gestartet werden. Dadurch kam auch die hohe Startzahl von 63 Starts der Atlas-Agena in vier Jahren zustande. 38 dieser Starts entfielen auf der KH-7 „Gambit" Aufklärungssystem.

Die Agena verwendete, wie die Titan, lagerfähige Treibstoffe, allerdings korrosionsinhibitierte Salpetersäure als Oxidator und UDMH als Treibstoff. Diese entzündeten sich spontan; die Stufe konnte mehrfach gezündet werden. Die Agena verfügte über eine eigene Steuerung. Sie konnte von der Erde aus über Funk oder über eine elektrische Verbindung von der Gemini Kapsel aus gesteuert werden. Sie verfügte über eine eigene Inertialplattform und C- und S-Band Sender für Bahnverfolgungsradargeräte, mit deren Hilfe Bahnverfolgungsstationen Position und Geschwindigkeit feststellen konnten. Agena war nach dem Abtrennen von der Atlas völlig autonom und erforderte keinerlei Steuerung vom Boden aus.

Die Agena D war die letzte Entwicklungsversion der Agena Oberstufe und sie sollte in dieser Form bis 1987 im Einsatz bleiben. Sie hatte ein einzelnes Haupttriebwerk vom Typ Bell 8096 mit 71 kN Schub. Der Treibstoff wurde durch eine Turbopumpe gefördert, wobei der Brennkammerdruck 35 bar betrug. Mindestens fünf Zündungen konnten durchgeführt werden, erprobt war es für bis zu 15 Zündungen.

Der GATV-Zielkörper bestand aus zwei Teilen: Das erste Teil bildete eine umgerüstete Agena Oberstufe und einem Kopplungsadapter für die Gemini Kapsel. Die Umrüstung der Agena Oberstufe bestand zum einen in einer viel größeren Batterie. Die Agena sollte über mehrere Tage aktiv bleiben können. Bisher kamen zwei Batterien zum Einsatz: eine kleine Batterie mit 340 Wh Kapazität für Missionen, die nur eine Zündung erforderten, sowie eine größere Batterie mit 966 Wh, welche einen Betrieb über eine Stunde mit mehreren Zündungen erlaubte. Für das Gemini Programm erhielt die Agena eine wesentlich größere Silber-Zink Batterie mit 10.700 Wh Kapazität. Da die Stufe nur aktiv war, wenn eine Kopplung anstand, oder wenn die Stufe mit der Gemini Kapsel verbunden war, wobei zwischenzeitlich die wichtigsten Systeme abgeschaltet waren, reichte diese Batterie für einen Betrieb über maximal 30 Tage. Um den Tankdruck über diese Zeit aufrechtzuerhalten, gab es eine zweite Gasflasche mit Stickstoff unter hohem Druck. Die NASA plante einen Betrieb der Agena über fünf Tage. Während dieser Zeit gab es einmal pro Tag ein Startfenster für die Gemini.

Das zweite Teil des GATV-Zielkörpers war ein System von zusätzlichen Steuertriebwerken. Die Standard Agena hatte ein schwenkbares Haupttriebwerk und Kaltgasdüsentriebwerke für die Rollachsensteuerung. Die NASA wünschte eine Absicherung für den Fall, dass das Haupttriebwerk ausfallen sollte. Zudem waren durch den hohen Schub feine Korrekturen des Orbits nicht möglich. Daher wurde ein zusätzliches System mit eigenen Treibstoffen installiert. Es hatte mehrere Triebwerke vom Typ Bell 8251 und 8047 mit 71 N respektive 889 N Schub. Bei einem Gewicht von 57,5 kg führte es weitere 137,8 kg Treibstoff (Stickstofftetroxid und MMH) mit. Dieses System wurde bei den späteren Agena-Oberstufen beibehalten.

Die Agena Stufen wurden mit Atlas Trägerraketen in den Orbit befördert. Sie verbrannten einen Teil des Treibstoffs, um den Orbit zu erreichen, und dienten danach als passives Ziel, während das Gemini Raumschiff aktiv ankoppelte. Später wurde der Antrieb der Agena genutzt, um den höchsten Punkt der Umlaufbahn anzuheben. Der erdnächste Punkt musste beibehalten werden, damit die Besatzung bei einem Notfall jederzeit innerhalb einer Erdumkreisung zurück zur Erde zurückkehren konnte. Dazu reichte es, den erdnächsten Punkt (Perigäum) auf Meereshöhe abzusenken, egal wie hoch der erdfernste Punkt (Apogäum) lag.

| GATV | |
|---|---|
| Startgewicht: | 7.700 kg (7.260 kg Agena D) |
| Trockengewicht: | 1.113 kg (673 kg Agena D) |
|    Davon Kopplungsadapter: | 430 kg |
| Gewicht im Orbit: | 3.152 – 3.260 kg |
| Länge: | 7,93 m (6,73 m Agena D) |
| Durchmesser: | 1,52 m Rumpf; 3,90 m mit Antenne |
| Betriebsdauer: | Maximal 30 Tage oder 15 Zündungen. |

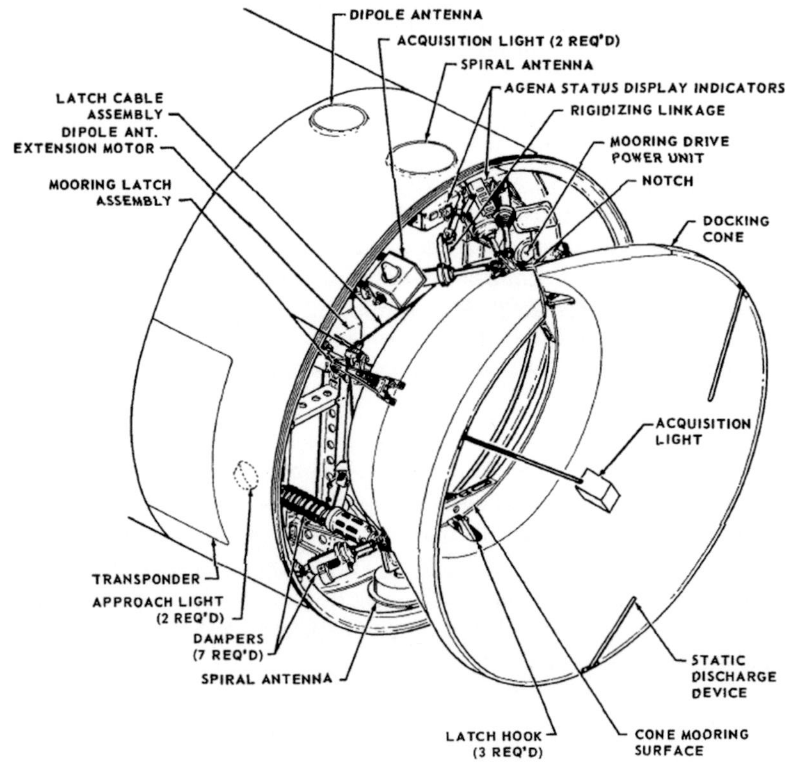


*Abbildung 22: Systeme des Kopplungsadapters (Bild: NASA)*

# Das Gemini Agena Target Vehicle (GATV)

Für die Kopplung mit Gemini wurde die Agena D mit einem Kopplungsadapter und Empfängern für Kommandos ausgestattet. Die umgerüstete Agena hieß dann „**G**emini **A**gena **T**arget **V**ehicle", abgekürzt GATV. Im Gegensatz zur Agena wurde der Adapter von McDonnell gefertigt. An eine Agena D Stufe war mit einem Konus ein Kopplungsadapter mit Schockabsorbern angebracht. Der Adapter war ein eigenes System, das mit der Agena nur über Kabel für die Stromversorgung und Leitungen zur Steuerung verbunden war. Die gesamte Elektronik und Mechanik war in versiegelten Behältern untergebracht. Mittels Positionslampen und Leuchten konnte die Besatzung die Agena ausmachen. Die blinkenden Leuchten konnten aus einer Entfernung von bis zu 80 km wahrgenommen werden. Bereits weit früher, aus 400 km Entfernung, konnte das Radar von Gemini den Radartransponder der Agena erfassen.

Mittels Anzeigen in der Konsole, welche den Status der Agena sowie Abstand und Relativgeschwindigkeit zeigten, konnte die Besatzung vor dem Ankoppeln prüfen, ob keine Probleme vorlagen. Es gab dazu neun Statusanzeigen mit Leuchten und drei analoge Anzeigen im oberen Bereich der Konsole, direkt unter den Fenstern, sodass Agena und Anzeige gleichzeitig im Blickfeld waren.

Zwei ausfahrbare L-Band Antennen dienten zur Funkverbindung zum Boden. Telemetrie und Kommandos von und zum Gemini Raumschiff konnten mit je einer VHF und UHF Antenne empfangen werden. Auf dem Adapter gab es Platten, an denen Experimente angebracht werden konnten. Die Besatzung sollte diese bei Außenbordeinsätzen bergen oder austauschen. An der Agena waren Drähte zur Ableitung statischer Elektrizität vorhanden, einer war mit einem Kontakt im Kopplungsadapter verbunden, um eine befürchtete Aufladung der Gemini Kapsel zu neutralisieren.

Der Kopplungsadapter hatte im Inneren drei Vertiefungen, in welche die Haken an dem Kopplungsadapter der Gemini Kapsel einrasteten. Drei Schalter an jedem Haken registrierten, ob das Einrasten gerade und verwindungsfrei erfolgte. Wenn alle Schalter dies signalisierten, wurde ein System aus Federn ausgelöst, welches die Gemini Kapsel in die Endposition zog. Ein Motor wurde dann aktiv, bis die Nase fest einrastete, sodass eine stabile Verbindung hergestellt war. Er zog die Federn fest, sodass sich die Raumschiffe beim Lösen der Haken alleine durch die Federkraft wieder fortbewegten. Dieses System wurde nach Untersuchungen über die optimale Kopplungsmethode bevorzugt, obwohl die meisten Vorschläge auf eine schräge Annäherung oder von unten oder oben hinausliefen, weil so nicht die Sicht durch die Nase des Raumschiffs verdeckt worden wäre.

Die Atlas brachte das GATV auf eine Übergangsbahn. Dort zündete die Agena zum ersten Mal, um den endgültigen Orbit in 300 km Höhe zu erreichen; vier weitere Zündungen standen dann für

Manöver zur Verfügung. Das Gewicht der GATV im Orbit schwankte je nach Mission zwischen 3.152 und 3.260 kg. Mehr als 4.000 kg des Treibstoffs brauchte die Agena, um in den Orbit zu gelangen. Der Rest stand für Veränderungen der Bahn zur Verfügung. Normal war eine Restbrennzeit von 60 der ursprünglich 240 Sekunden Brenndauer. Aus Sicherheitsgründen wurde nur ein Teil des Treibstoffs genutzt. Auch stieg die Strahlenbelastung in höheren Orbits rapide an, weshalb die Höhe begrenzt wurde. Die längste Brenndauer erreichte Gemini 11 mit 47 s.

Die Entwicklung des GATV, die Modifikationen der Agena und die sechs Starts kosteten die NASA 100,1 Millionen Dollar. Die Fertigung eines GATV war vergleichsweise preiswert und kostete nur 2,15 Millionen Dollar. Die NASA bestellte nur sechs Exemplare, davon sollten nur fünf starten. Das erste gelieferte GATV mit der Seriennummer 5001 wurde für Bodentests am Cape eingesetzt und nach Auswechslung von Teilen als 5001R bei der letzten Gemini Mission gestartet.

*Abbildung 23: Tests der Kopplung zwischen der Agena und dem Raumschiff am Cape Canaveral (Bild: NASA)*

# Der Augmented Target Docking Adapter (ATDA)

Für den Fall, dass der Start einer Agena fehlschlug, bekam McDonnell den Auftrag, einen Kopplungsadapter zu entwickeln, der ohne die Agena auskommen konnte. So hatte die NASA ein Ersatzsystem im Falle eines Fehlstarts. Der ATDA wurde in sehr kurzer Zeit entwickelt. Der endgültige Auftrag kam nach dem Fehlstart einer Agena als Ziel für Gemini 6, und schon bei Gemini 9 wurde der ATDA eingesetzt. Allerdings verfügte McDonnell schon vor Auftragerteilung über ausgearbeitete Pläne und hatte diese der NASA bereits unterbreitet.

Der Augmented Target Docking Adapter bestand aus dem gleichen Kopplungsadapter wie beim GATV. Er beinhaltete dieselben Anzeigen, Antennen und Kommunikationseinrichtungen wie beim GATV, jedoch verfügte er über keinen eigenen Antrieb. Er eignete sich zum Trainieren der Ankopplung, jedoch nicht zum Verändern des Orbits. Da das GATV so konzipiert war, dass es weitgehend autonom war und nur über Stecker mit der Stromversorgung und dem Sequenzer der Agena D verbunden war, war der kurzfristige Umbau erst möglich. Der ATDA war kompakter als der GATV. Er bestand aus dem gleichen Adapter wie das GATV; einem zylindrischen Ausrüstungsmodul und einer RCS-Sektion, gefolgt von den Batterien zur Stromversorgung. Die RCS-Sektion wurde von der Wiedereintrittseinheit von Gemini übernommen und verwandte dieselben Triebwerke und Treibstoffe wie Gemini. Umhüllt wurde er von einer 317 kg schweren Nutzlastverkleidung. Gestartet wurde der ATDA mit einer Atlas SLV-3, einer Atlas E ohne die Agena Oberstufe. Dies war möglich, da der ATDA leicht genug war, um ohne Oberstufe in den Orbit befördert zu werden. Dies verringerte die Wahrscheinlichkeit einer Fehlfunktion, da nun eine Raketenstufe wegfiel.

Es kam nur zu einem Start eines ATDA. Dieser wurde am 1.6.1966 als Ziel für Gemini 9A gestartet, nachdem am 17.5.1966 der Start eines GATV fehlschlug. Jedoch löste sich beim ATDA die Nutzlastverkleidung nicht, sodass es zu keiner Kopplung kam. Nach nur 40 Tagen (der kürzesten Lebensdauer eines Ziels im Gemini Programm) verglühte er am 11.7.1966 beim Wiedereintritt in die Atmosphäre.

| ATDA | |
|---|---:|
| Startgewicht: | 794 kg |
| Länge: | 3,41 m |
| Davon Kopplungsadapter | 1,13 m |
| Davon Ausrüstungsmodul | 1,37 m |
| Davon RCS Sektion | 0,91 m |
| Durchmesser: | 1,65 m |

*Abbildung 24: Der ATDA im Orbit, fotografiert von Gemini 9 (Foto: NASA)*

# Astronauten

Die Gemini Astronauten stammten zum größten Teil aus der zweiten Astronautengruppe, bestehend aus Neil Armstrong, Frank Borman, Charles Conrad, James McDivitt, Jim Lovell, Elliott See, Tom Stafford, Edward White und John Young. Sie wurde im September 1962 selektiert. Dazu kamen noch die Veteranen Gordon Cooper, Gus Grissom und Walter Schirra aus dem Mercury Programm, welche in der ersten Hälfte des Programms (Gemini 3,5 und 6) zum Einsatz gelangten. Zum Schluss kamen noch fünf Mitglieder, der dritten Astronautengruppe, bestehend aus 14 Astronauten zu ihrem Einsatz; dies waren Edwin Aldrin, Eugene Cernan, Michael Collins, Richard Gordon und David Scott. Die dritte Astronautengruppe wurde rekrutiert, als die Planung noch eine größere Anzahl Apollo Testflüge vorsah und das Management von 30-40 „Sitzen" ausging, die es bis zur ersten bemannten Mondlandung zu besetzen galt.

Die Kandidaten für die beiden Astronautengruppen dürften maximal 34 Jahre alt und 1,83 m groß sein, mussten einen Bachelorabschluss in einer Naturwissenschaft oder einem Ingenieurswesen aufweisen und mindestens 1.000 Flugstunden absolviert haben. Militärangehörige wurden bevorzugt: Von den 271 Bewerbungen für die dritte Gruppe kamen nur 71 vom Militär; nur acht der 34 näher untersuchten Kandidaten waren Zivilisten und nur zwei der vierzehn ausgewählten kamen nicht von den Streitkräften. Anders ausgedrückt: Jeder sechste Kandidat des Militärs wurde genommen, aber nur jeder hundertste Zivilist.

Der ehemalige Astronaut Deke Slayton, Leiter des Astronautenkorps, hatte ein sehr einfaches System der Einteilung der Crews: Eine Crew wurde zuerst als Ersatzmannschaft eingeteilt und bereitete sich vor, falls die Primärcrew ausfiel (dies war notwendig, als die Crew von Gemini 9 bei einem Flugzeugabsturz starb), pausierte dann eine Mission und wurde als Primärcrew für die übernächste Mission eingeteilt. Dieses System behielt er auch bei Apollo bei. Es machte die Flüge für die Astronauten planbar und motivierte diese auch als Backupbesatzung enorm – denn schließlich versprach die Nominierung als Back-up-Crew einen Flug zwei Missionen später!

Die Auswahl der Kandidaten für jede Mission orientierte sich nach ihren Fähigkeiten und berücksichtigte auch persönliche Wünsche. So wollte Wally Schirra keine lange Mission absolvieren und flog daher auf der Zweitagesmission von Gemini 6. Zuletzt achtete Slayton darauf, wie die Astronauten miteinander auskamen, denn schließlich mussten nicht nur einige Tage im Orbit sondern auch Monate des Trainings gemeinsam absolviert werden. Es dauerte zum Beispiel eine Weile, bis mit Jim Lovell ein Partner für Frank Borman gefunden wurde, welcher als charakterlich schwierig galt.

Die Rivalität war sehr groß, waren vor Beginn des Gemini Programms 28 Astronauten Bestandteil des Korps der NASA. Bei zehn bemannten Flügen war klar, dass nicht jeder fliegen konnte, zumal einleuchtend sein würde, dass Astronauten, die sich bewährten, auch mehrere Missionen absolvieren konnten. Chancen für die dritte Astronautengruppe ergaben sich, als nach Gemini 6/7 Cooper, Grissom, Schirra, McDivitt, White und Borman ins Apollo-Programm wechselten, vor allem wenn sie gute Piloten waren. Die Flugerfahrung wurde von der NASA als wichtigste Qualifikation angesehen. Doch die Zahl der zur Verfügung stehenden Astronauten reduzierte sich. Von den Mercury Astronauten schieden schon vor dem Programm Scott Carpenter und John Glenn aus. Scott Carpenter hatte nach seinem (nach Ansicht der Flugleitung „desaströsen") Einsatz bei Mercury-Atlas 7 Flugverbot und wechselte ins NASA Sealab Projekt. John Glenn nutzte seine Popularität als erster Amerikaner im Orbit und strebte eine politische Karriere an. Er flog erst erneut mit STS-95 im Alter von 77 Jahren.

Deke Slayton war wegen einer angeborenen Herzschwäche, die erst bei den Untersuchungen nach der Rekrutierung zum Astronauten auffiel, an den Schreibtisch verbannt worden, auch wenn die meisten Kollegen die Ansicht vertraten, dass dieses Herzproblem minimal sein müsse, schließlich war er vorher jahrelang Testpilot gewesen. Erst als die NASA ihre Anforderungen lockerte, dürfte Deke Slayton im Rahmen des Apollo-Sojus-Testprojektes ins All.

Alan Shepard war für die Primärcrew von Gemini 3 nominiert worden. Er hatte bereits mit Tom Stafford das Training aufgenommen, als ihm eine gesundheitliche Beeinträchtigung am linken Innenohr attestiert wurde: Shepard litt unter dem Menière-Syndrom. Ein erhöhter Druck der Flüssigkeit im Innenohr führt dabei zu Störungen des Gleichgewichtssinnes, Schwindelgefühlen und Übelkeit. Damit verlor auch er seinen Flugstatus, den er erst wiedererlangte, als er sich 1969 einer neu entwickelten Operation unterzog. Er landete mit Apollo 14 auf dem Mond. Bis dahin war er Deke Slaytons Stellvertreter bei der Leitung des Astronautenkorps.

Vier Astronauten starben während des Trainings. Elliot See (Astronautengruppe 2) und William Basset (Astronautengruppe 3) kamen bei einem Flug zu McDonnell ums Leben. Ihr T-38 Jet schlug bei der Landung auf das Gebäude 101 auf. Eine Untersuchungskommission stellte als Ursache eine Kombination von Pilotenfehler und schlechte Sicht (es herrschte Nebel über dem Flugfeld) fest.

Schon am 31.10.1964 kam ebenfalls bei einem Absturz einer T-38 Theodore Freeman ums Leben. Bei einem Übungsflug kollidierte eine Gans mit dem Flugzeug und schlug ins Cockpit ein. Freeman gelang es zwar noch, den Schleudersitz zu betätigen, doch er befand sich zu nahe am Erdboden, sodass die Fallschirme keine Zeit hatten, sich voll zu öffnen.

Auch Clifton Curtis (C.C.) Williams starb bei einem Unfall mit der T-38, als er seinen Vater besuchen wollte, der an Krebs litt. Ein Ausfall der Mechanik bewirkte, dass die Steuerung der T-38 nicht mehr reagierte und der Jet eine Rollbewegung geriet. Er flog zu niedrig und zu schnell, um den Schleudersitz zu betätigen und schlug mit der Maschine am 5.10.1967 auf dem Boden auf.

Insgesamt kamen damit im Gemini Programm vier Astronauten durch Versagen des T-38 Flugzeuges ums Leben: Dieser Jet, den die NASA bis heute im Einsatz hat, diente als Beförderungsmittel und Übungsflugzeug.

Die meisten Crewmitglieder des Gemini Programms flogen später mit Apollo zum Mond, John Young wurde sogar erster Kommandant eines Space Shuttle Fluges.

Bei der folgenden Beschreibung zu den Missionen wurde die Konvention gewählt, dass bei den Angaben zu den Besatzungen der erstgenannte Astronaut der Kommandant und der zweitgenannte der Copilot war. Bei Rendezvous Manövern war es die Aufgabe des Kommandanten, diese durchzuführen. EVA Ausstiege wurden dagegen immer vom Copiloten absolviert.

*Abbildung 25: Mission Control zur Zeit des Gemini Projektes (Bild: NASA)*

# Die Flüge

In den sechziger Jahren ging es nicht nur um die Erforschung des Weltraums. Die Erfolge oder Misserfolge im Weltraum waren auch ein Ausdruck eines Wettkampfes der politischen Systeme beider Supermächte. Die Sowjetunion entwickelte damals eine neue Generation von Raumschiffen, die spätere Sojus Kapsel, diese war jedoch nicht vor Abschluss des Gemini Programms verfügbar.

Das Gemini Programm und die Ziele jedes Fluges wurden Jahre vorher in Fachzeitschriften angekündigt. Russland war daher immer informiert, was die NASA als Nächstes plante. Dies bewog die Sowjets, die sehr riskanten Woschod Flüge durchzuführen: Woschod 1 wurde mit einer Dreimann Crew (also ein Mann mehr als bei Gemini) gestartet am 14.10.1964. Am 22.2.1965 folgte Woschod 2 mit einem Weltraumspaziergang, um dem von White zuvorzukommen. Bei Woschod 1 gab es zahlreiche Probleme mit der Kapsel und zuletzt versagte fast der Antrieb zur Rückkehr. Bei Woschod 2 lief alles glatt bis zum Ausstieg von Alexej Leonow. Er kam, nachdem sein Raumanzug im Vakuum sich aufgebläht hatte, nur in letzter Sekunde zurück ins Raumschiff. Später konnte die Besatzung nur mit Mühe 3.200 km vom Zielgebiet entfernt in der Taiga notlanden, sodass die UdSSR weitere geplante, propagandistisch wirksame Flüge (Woschod 3-6 mit Frauencrews und bis zu 21 Tage langen Flügen) strich.

Gemini konnte zwar nicht diese beiden Erstleistungen erbringen, jedoch übertrafen die USA hinsichtlich gewonnener Erfahrung im Weltraum, summierten Manntagen und Komplexität der Missionen die Sowjetunion.

Die ersten beiden Flüge galten der unbemannten Erprobung der Kapsel. Da sie ohne Probleme verliefen, waren keine weiteren Flüge dafür notwendig – erheblich weniger als beim vorangegangenen Mercury Programm.

Nach den ursprünglichen Planungen sollten die ersten vier bemannten Flüge die Aufenthaltsdauer im All sukzessive, beginnend bei wenigen Stunden, dann 3-4 Tage, später eine Woche auf zuletzt zwei Wochen auszudehnen. Die folgenden Missionen sollten das Rendezvous und Koppeln erproben. Sie sollten in diesem Aspekt zunehmend anspruchsvoller werden und hatten auch die Aufgabe, einen größeren Kreis an qualifizierten Astronauten für die Apollo-Flüge zu schaffen. Der publikumswirksame EVA Teil wurde erst nach den auftretenden Problemen wichtig. Weitere Änderungen gab es durch die auftretenden Probleme, wie Fehlstarts der Zielkörper oder der Abbruch der Gemini 8 Mission.

Das Gemini Programm war in mehrere Phasen eingeteilt:

- Unbemannte Erprobung der Kapsel und der Titan 2 Trägerrakete: Dies verlief erheblich reibungsloser als gedacht. Schon nach dem ersten Flug von Gemini 1 annullierte die NASA die Bestellung der Kapseln für Gemini 13-15 bei McDonnell am 30.7.1964. Die für Gemini 13-15 produzierten Titan 2 wurden zu Satellitenträgern umgerüstet.

- Sukzessiv längere Flüge um schließlich die Dauer eines Mondfluges (mindestens 12 Tage) zu erreichen. Dies waren die Flüge Gemini 3, 4, 5 und 7 mit Flugdauern von wenigen Stunden, vier Tagen, einer Woche und zwei Wochen. Damit sollte sichergestellt werden, dass es keine medizinischen Probleme bei den späteren Mondflügen gibt. Aus einem Erdorbit hätte die Besatzung bei absinkender Leistung oder Krankheit innerhalb von 90 Minuten zur Erde zurückkehren können. Dies war vom Mond aus nicht möglich. Gleichzeitig konnten so Technologien erprobt werden, die für eine so lange Mission notwendig waren. So waren die Brennstoffzellen noch nie erprobt worden und bei der ersten bemannten Mission auch noch nicht einsatzfähig. Die Langzeitflüge gaben der NASA die Sicherheit, eine Apollo-Mission auch organisatorisch durchführen zu können.

- Danach standen die Rendezvousflüge an. Dies war die Hauptaufgabe bei den Flügen Gemini 6 und 8-12. Ziel war es, nicht nur auch diese Technik zu beherrschen, sondern auch die Ankopplung in einer immer kürzeren Zeit (weniger Erdumläufe) sowie ohne Hilfe vom Boden durchzuführen. Die Apollo-Aufstiegsstufe war nur für einen Betrieb von neun Stunden ausgelegt. In dieser Zeit musste eine Kopplung an das Mutterschiff erfolgen. Gemini sollte sicherstellen, dass dies in dieser Frist möglich war. Die letzten Missionen besuchten zwei Agena Zielkörper und wechselten dazu den Orbit oder mussten ohne Radar und Leuchtsignale auskommen. Damit konnte auch ein Problem des LM mit der Stromversorgung simuliert werden.

- Das Thema „Arbeiten im Weltraum“ war erst für die letzten Flüge vorgesehen, rückte aber durch den Ausstieg von Alexej Leonow bei Woschod 2 im Flugplan vor. Es zeigte sich, dass die Anzüge für diese Aufgabe nicht gut geeignet waren. Auch diese Erkenntnis kam noch früh genug, um sie im Apollo Programm zu verwerten.

Der allgemeine Ablauf eines Fluges sah so aus:

Der Countdown der Titan dauerte 12 Stunden; 6 Stunden 30 Minuten vor dem Start wurde die Rakete betankt. Die Crew wurde 5 Stunden vor dem Start geweckt. Sie erreichte die Startrampe 120 Minuten vor dem Flug. 100 Minuten vor dem Abheben wurden die Luken hinter der Besatzung verschlossen.

Die Titan trug die Kapsel in 5 Minuten 40 Sekunden in eine elliptische Umlaufbahn. Deren erd-nächster Punkt lag auf 160 km Höhe; der erdfernste Punkt auf 270-300 km Höhe. Dann wurde diese Bahn dann durch das OAMS angehoben. Die meisten Ziele befanden sich in kreisförmigen, 300 km hohen Bahnen. Es gab für das Rendezvous drei Möglichkeiten. Sie unterschieden sich im Treibstoffbedarf und Zeitaufwand, bis der Zielkörper erreicht wurde. Die tangentiale Annäherung begann in einer Bahn, deren erdnächster Punkt niedrig lag, aber das Apogäum auf der Zielbahn-höhe. Bei den folgenden Umläufen wurde dann das Perigäum sukzessive angehoben. Da die Um-laufbahn in dieser elliptischen Bahn kürzer ist, näherte sich so das Raumschiff der Agena. Diese Methode benötigte vier Umläufe bis zum Ankoppeln und wurde bei Gemini 6, 8 und 10 eingesetzt. Das Startfenster war dabei rund 6 Minuten lang.

Die zweite und damals für Apollo favorisierte Methode war die co-elliptische Annäherung: Die Kapsel gelangte zuerst in einen elliptischen Orbit unterhalb des Zieles, der dann durch eine Zündung in einen kreisförmigen umgewandelt wurde. Eine zweite Zündung brachte die Kapsel dann auf die Höhe des Zieles. Dafür wurden drei Umläufe benötigt. Gemini 9 und 12 flogen dieses Manöver. Das Startfenster schrumpfte auf 30-35 s.

Die schnellste Methode, allerdings mit dem höchsten Treibstoffverbrauch und den geringsten Fehlertoleranzen (unter anderem war nun das Startfenster nur noch zwei Sekunden lang), war der direkte Aufstieg: Die Kapsel wurde in eine elliptische Bahn mit einem erdnächsten Punkt in 160 km Höhe und dem Apogäum auf der Bahn des Zieles gebracht. Dort angekommen zündete sie ihre Triebwerke und koppelte an. Schon im ersten Umlauf fand die Kopplung statt. Nur Gemini 11 flog dieses Profil.

Nach der Annäherung an die Agena folgten die EVA Operationen. Die Rückkehr zur Erde begann einen halben Umlauf vor der Landung. Die Ausrüstungseinheit wurde abgetrennt und das Raum-schiff so gedreht, dass die Bremseinheit gegen die Flugrichtung zündete. Dieses Bremsmanöver

*Abbildung 26: Die drei Rendezvousmodi von Gemini (Bild: NASA)*

senkte die Geschwindigkeit so weit ab, dass der erdnächste Punkt der Bahn am Erdboden lag. Nun wurde die Bremseinheit selbst abgetrennt. Beide Abtrennvorgänge erfolgten durch Sprengbolzen, welche die wenigen Verbindungspunkte durchtrennten.

Während des Wiedereintritts konnte die Besatzung mit den RCS-Triebwerken den Winkel leicht korrigieren und dadurch den Landepunkt verschieben. In 15.000 m Höhe öffnet sich der Stabilisierungsfallschirm. Er verhinderte ein unkontrollierbares Schwanken der Kapsel. In 3.220 m Höhe wird der Pilotfallschirm entfaltet, zweieinhalb Sekunden später wird das Landesystem aktiviert und der Hauptfallschirm durch den Pilotfallschirm herausgezogen. Durch den Hauptfallschirm wird die Kapsel in einen 35-Grad-Winkel zur Horizontalen gedreht. Sie landet so schräg auf dem Wasser.

Die Fallschirme wurden nach der Wasserung abgetrennt und ein Leuchtlicht aktiviert. Beim Auftreffen auf die Wasseroberfläche wurde ein Luftkissen aufgeblasen, was die Kapsel aufrichtete. Der Aufschlag aktiviert zudem einen HF-Sender, der ein Peilsignal aussandte. Hätten die Fallschirme versagt, so hätte sich die Besatzung durch die Schleudersitze in Sicherheit bringen können.

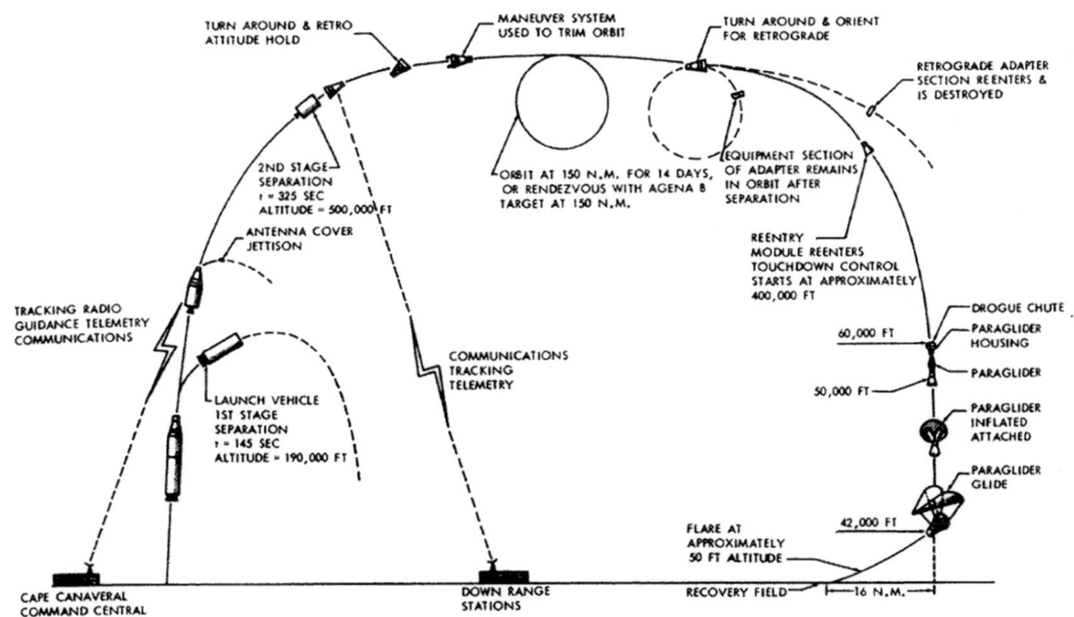


*Abbildung 27: Allgemeiner Ablauf einer Gemini Mission (Bild: NASA)*

# Gemini 1 (8.4.1964)

Dieser erste Testflug galt dem Test der Trägerrakete und der Kapsel. Es sollte die strukturelle Integrität der Kapsel geprüft werden, die Kompatibilität mit der Trägerrakete und ein Test der Titan 2 als Trägerrakete für Gemini. Des weiteren wurden eine Reihe von neu entwickelten Subsystemen in der Titan 2 und einige Kapselsysteme, wie die Kontrolle des Wärmehaushaltes, getestet. Bei diesem ersten Testflug war die Kapsel noch fest mit der zweiten Stufe verbunden. Der Test des Hitzeschutzschildes stand erst für den nächsten Testflug an. Stufe und Kapsel gelangten in einen Orbit, der um 33,7 km zu hoch war, da die Endgeschwindigkeit um 25,7 km/h höher war als geplant. Die Ursache war, dass die Titan zu viel Treibstoff an Bord hatte. Es gab keine Möglichkeit den Treibstoffverbrauch beim Hochlaufen der Triebwerke zu messen und die erste Stufe war so ausgelegt, dass sie den kompletten Treibstoff verbrauchte. So wurden die Treibstofftanks sicherheitshalber zu voll gefüllt. Es wurde ein Messgerät entwickelt, mit dem der beim Hochlaufen benötigte Treibstoff gemessen werden konnte und damit trat das Problem bei den folgenden Flügen nicht mehr auf. Die Kapsel war noch ein Prototyp, so fehlte der Hitzeschutzschild, die Retroraketen und zahlreiche andere Systeme. Sie wog nur 2.766 kg. In dem 160,5 × 325 km hohen Orbit verblieb die Kombination aus Kapsel und Oberstufe bis zum 12.4.1964, als sie beim Wiedereintritt in die Erdatmosphäre verglühte. Die Telemetrie wurde während drei Umläufen am Boden empfangen. Die Bahn wurde vier Tage lang verfolgt. Der Testflug war ein voller Erfolg; das einzige besondere Vor-

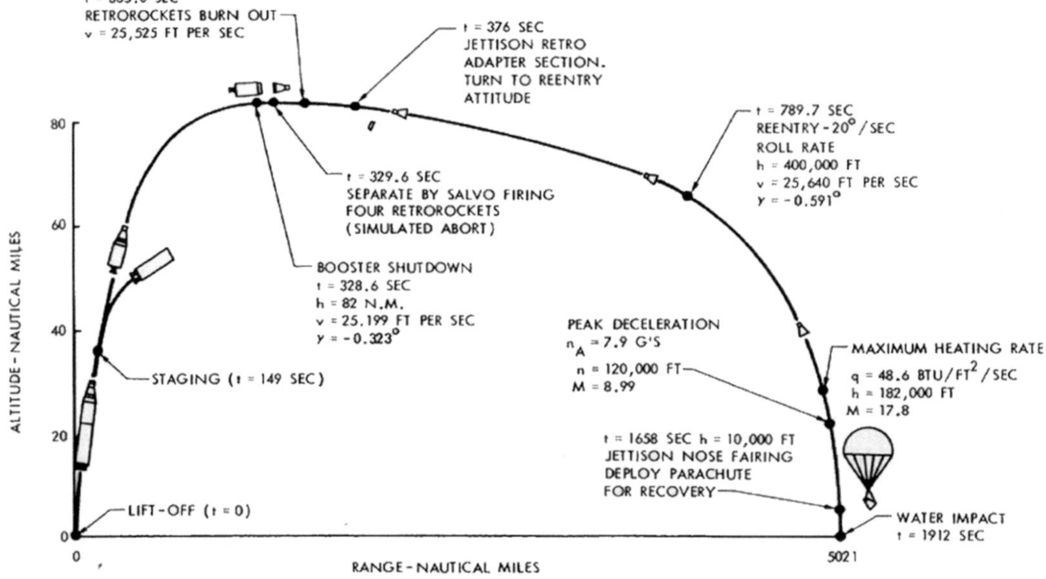


*Abbildung 28: Ablauf der Gemini 2 Mission (Bild: NASA)*

kommnis war ein vorübergehender Ausfall der Funkverbindung während der Stufentrennung. Es zeigte sich, dass der Ausfall in den ionisierten Gasen des Sprengvorganges begründet war und völlig normal für einen Start mit der Titan war.

## Gemini 2 (19.1.1965)

Sieben Monate nach dem Gemini 1 Flug waren nun sämtliche Systeme der Kapsel startbereit. Gemini 2 sollte die Fähigkeiten der Subsysteme demonstrieren, die bei Gemini 1 noch in der Entwicklung waren, wie die automatische Steuerung durch den Bordcomputer, den Hitzeschutzschild und die Bremseinheit. Der Start wurde mehrmals verschoben. Ursprünglich geplant war November 1964, doch der Start fand erst im Januar 1965 statt.

Wie geplant löste bereits 6 Minuten 54 Sekunden nach dem Start ein Zeitgeber im Computer das Wiedereintrittsprogramm aus und die Bremsraketen wurden gezündet. Die Kapsel landete 18 Minuten und 26 Sekunden nach dem Start 3.419 km von Cape Kennedy entfernt, im Atlantik; 26 km vor dem vorausberechneten Landepunkt entfernt. Da die Kapsel beim Bremsmanöver um 3,2 Grad falsch ausgerichtet war, kam es zu dieser Abweichung vom Zielpunkt. Ohne Besatzung und ohne Systeme für einen längeren Aufenthalt wog diese Kapsel nur 3.132 kg.

Die Ergebnisse waren mehr als zufriedenstellend, lediglich die Temperatur im Kühlkreislauf war höher als geplant. Die Kapsel selbst war in einem so guten Zustand, dass sie mit einem neuen Hitzeschutzschild inklusive einer darin eingebauten Luke versehen wurde, um als Prototyp für das Gemini-B Raumschiff zu dienen. Für diesen Test wurde die Kapsel am 3. November 1966 mit einer Titan 3C Rakete erneut auf einen suborbitalen Flug gestartet.

## Gemini 3 (23.3.1965)

Besatzung: Virgil Ivan „Gus" Grissom und John Watts Young
Ersatzmannschaft: Walter „Wally" Marty Schirra und Thomas Patten „Tom" Stafford

Ursprünglich waren Shepard und Stafford als Primärcrew sowie Grissom und Borman als Backupbesatzung vorgesehen. Das Flugverbot von Shepard führte aber nicht dazu, dass die Backup-Besatzung einsprang, sondern die gesamte Planung wurde umgestellt. Diese Entscheidung muss auch vor dem Hintergrund veränderter Prioritäten und Missionsdauern betrachtet werden.

Ziel dieser nur knapp fünf Stunden dauernden Mission, war die Erprobung der neuen Kapsel. Es waren noch nicht alle Systeme einsatzbereit und daher strebte die Missionskontrolle nur eine kurze Mission an. Drei Experimente sollten durchgeführt werden, doch dies gelang nur teilweise. So unterschätzte die NASA die Einflüsse, welche die Manöver auf den Orbit hatten. Eine Aufgabe war das Annähern an die Titan Zweitstufe. Als Grissom die Gemini Kapsel auf einen Kurs zum Rendezvous brachte, entfernte sich die Zweitstufe langsam von der Kapsel. Grissom korrigierte nach und näherte sich der Stufe, musste dies aber im Erdschatten einstellen, da sie nicht beleuchtet war. Als sie wieder auf der beleuchteten Seite ankamen, war die Stufe wieder 2 km entfernt. Der Grund: Gemini 3 kam durch die Beschleunigung in einen elliptischen Orbit. In diesem Orbit war sie aber schneller als die Zweitstufe und so entfernte sich diese wieder von ihr. Die Missionskontrolle musste schließlich an die Treibstoffreserven denken und eine weitere Annäherung abbrechen. Es war die erste Lektion, die gelernt werden musste: Manövrieren im Raum, ist nicht wie in der Luft, wo dasselbe Manöver ein Flugzeug näher an das Ziel gebracht hätte.

Dann stand die Erprobung des OAMS an. Grissom zündete die Triebwerke; zuerst um den Orbit zu zirkularisieren, dann um die Kapsel um 1 Meile in der Querrichtung zu verschieben. Beide Manöver gelangen. Der Gemini Bordcomputer berechnete sowohl die Vorgaben für die Zündung als auch den neuen Orbit mit hoher Genauigkeit. Bei Gemini 3 hatte McDonnell den Luftwiderstand der Kapsel falsch eingeschätzt. Somit landete diese 84 km vom Zielpunkt entfernt und es dauerte 30 Minuten, bis ein Hubschrauber vor Ort war. Ursache war die falsch justierte Gewichtsverteilung, was Grissom trotz seines manuellen Eingriffs nicht ausgleichen konnte. Die Möglichkeit, durch eine geringfügige Veränderung des Winkels zur Atmosphäre den Landepunkt leicht zu verschieben, war eine der Neuerungen von Gemini.

Mercury Veteran Grissom, dessen Mercury Kapsel bei der Landung im Atlantischen Ozean versunken war, weigerte sich, die Luke zu öffnen, bis Taucher die Kapsel durch Bänder gesichert hatten. Schon vorher hatte er sich bei der NASA mit der Taufe der Kapsel auf den Namen „Titanic" – in Anlehnung an die versunkene „Liberty Bell 7" – unbeliebt gemacht. Die NASA bestand auf eine Namensänderung und Grissom nannte nun das Raumschiff „Molly Brown" als Reminiszenz an das Musical „The unsinkable Molly Brown". Im Management der NASA fiel aber auch diese Namensgebung nicht auf fruchtbaren Boden, und so wurde es den folgenden Besatzungen untersagt, ihren Schiffen Namen zu geben. Die „Molly Brown" war so die einzige Kapsel, die einen Namen erhielt. Alle anderen Kapseln hatten den Rufnamen „Gemini 4" bis „Gemini 12". Erst bei Apollo 9, als zwei Raumschiffe unterschieden werden mussten (Kommandokapsel und Mondlander), durften die Astronauten wieder entscheiden, wie das Rufzeichen für ihr Raumschiff lauten sollte.

Viel mehr Aufregung als die eigentliche Kurzzeitmission verursachte ein von John Young in die Kapsel geschmuggeltes Corned Beef Sandwich. Es war Inhalt der Berichterstattung am nächsten Tag und dies lenkte – nach der Ansicht von NASA Offiziellen – zu sehr vom Flug ab. Die NASA verbot den Besatzungen solche „Pilotenscherze" für die Zukunft. Es war nicht die einzige Schmuggelware: Gus Grissom hatte einen Diamantring mitgeführt, dazu kam ein Florentiner Kreuz und ein Büstenhalter. Offiziell erlaubt war eine mitgeführte amerikanische Flagge. Die Astronauten hatten einen Exklusivvertrag mit dem „Life" Magazin und diese Mitbringsel sollten ein erhöhtes

Medienecho verursachen und gaben „Life" die Möglichkeit, eine Story darum zu schreiben. Das Sandwich kam am meisten in die Schlagzeilen, weil die NASA befürchtete, Krümel des beim Start schon zwei Tage alten Brotes, könnten in der Schwerelosigkeit Bordsysteme beeinträchtigen. Deke Slayton stellte in einem Memo klar, dass derartige Mitbringsel in Zukunft die Karriere eines Astronauten beenden könnten.

*Abbildung 29: John Young und Gus Grissom während des Trainings (Bild: NASA)*

Damit war das Thema erledigt, bis es bei Apollo 15 einen neuen Skandal gab: Dort wurden Briefe, welche die Astronauten zum Mond und zurückbrachten, kommerziell veräußert.

Ein weiteres Mitbringsel führte sogar zu einer Kongressanfrage: Die NASA hatte 4.382,50 $ für 34 Kugelschreiber ausgegeben, mit denen die Astronauten Notizen machen und Berechnungen durchführen konnten. Jeder kostete also rund 129 Dollar. Das teure war die Anpassung des Druckmechanismus eines Standard-Gehäuses, damit die Astronauten auch in ihren klobigen Handschuhen den Druckknopf betätigen konnten. Die eigentliche Mine stammte von einem regionalen Schreibwarengeschäft und kostete lediglich 1,75 Dollar. Die Astronauten führten aber auch vier japanische (!) Pentel Kugelschreiber im Gesamtwert von 0,49 Dollar mit. Natürlich führte dies zu einer Anfrage, warum die NASA knapp 129 Dollar pro Kugelschreiber ausgab, wenn die Astronauten offensichtlich auch mit einem für 12 Cent aus dem nächsten Schreibwarenladen arbeiten konnten, der dazu noch nicht einmal ein US-Produkt war.

## Gemini 4 (3.-7.6.1965)

Besatzung: James Alton McDivitt und Edward Higgins „Ed" White
Ersatzmannschaft: Frank Frederick Borman und James Arthur „Jim" Lovell

Ziel dieser 97 Stunden Mission (über vier Tage – fast dreimal so lang wie die längste Mercury Mission) waren ursprünglich nur Annäherungen an die Titan 2 Stufe und eine Ausdehnung der Aufenthaltsdauer.

Doch dann kam die sowjetische Mission Woschod 2. Bei dieser führte Alexej Leonow den ersten Weltraumspaziergang aus. Im Gemini Programm sollte der erste Außenbordeinsatz erst bei Gemini 8 oder 9 stattfinden. Diese Planung war nun hinfällig. Der Ausstieg eines Astronauten wurde als Möglichkeit in Erwägung gezogen. Die Arbeit außerhalb des Raumschiffes wurde im NASA-Jargon als EVA – **E**xtra **V**ehicular **A**ctivity – bezeichnet.

Ursprünglich sollte Edward White nur eine sogenannte Stand-Up EVA durchführen: Er sollte sich in der Kabine aufrichten und durch die geöffnete Luke die Titan-Zweitstufe fotografieren. Unter dem Eindruck von Alexej Leonows Ausstiegs ins All wurde dieser Plan geändert und White sollte einen „Weltraumspaziergang" durchführen, bei dem er – anders als Leonow – mit einer in kurzer Zeit konstruierten „Zip-Pistole" auch manövrieren konnte. Sie verschoss reinen Sauerstoff aus Druckflaschen mit einem Anfangsdruck von 280 bar. Dabei erreichte sie einen Schub von 9 N und feuerte bei einem kontinuierlichen Betrieb 20 Sekunden lang. Der Plan war eigentlich geheim und sollte nur durchgeführt werden, wenn der Start erfolgreich war und es keinerlei Probleme bei anderen Missionszielen gab. Die Flugleitung gab dazu den Leitern der Bodenstationen verschlossene Umschläge mit den Anweisungen mit, welche diese nur auf Befehl öffnen sollten. Doch dies sickerte zur Presse durch und so machte es die NASA noch vor dem Start öffentlich.

White war über eine 17 m lange Leine von 2,5 cm Stärke permanent mit dem Gemini Raumfahrzeug verbunden. Sie bestand aus elektrischen Leitungen, Verbindungen zum Kühlsystem, Mikrofonkabel, einer mit dem Lebenserhaltungssystem verbundenen Sauerstoffleitung sowie einem Stahlseil, welches die Leine vor dem Reißen schützte.

Der Start verlief zunächst dramatisch, weil sich der Montageturm an der Startrampe wegen eines elektrischen Defekts nicht wegschwenken ließ. Fieberhaft arbeiteten Techniker am Turm. Erst, kurz bevor die Temperaturschwelle erreicht war, bei dem der Treibstoff hätte abgepumpt werden müssen, was einen Startabbruch zur Folge gehabt hätte, konnte der Countdown wieder aufgenommen werden.

Es gab nach dem Start einen Versuch eines Rendezvous Manövers mit der zweiten Stufe der Titan, welcher aber nicht erfolgreich war. Innerhalb von wenigen Minuten verbrauchte McDivitt 40% des Treibstoffs für die Lageregelung, weil Resttreibstoff aus einer Leitung aus der Titan 2 Stufe austrat, was zur Abbremsung und Rotation führte. Da die Gemini 4 nur die Hälfte des Treibstoffs der folgenden Missionen mitführte, blieben weitere Annäherungsversuche aus.

Nach knapp viereinhalb Stunden stieg dann White für 23 Minuten aus und schwebte, gesichert durch die Leine und beweglich durch die Rückstoßpistole, durchs Weltall. Zuerst klappte alles problemlos und White konnte mit der Zip Pistole manövrieren. Doch nach vier Minuten hatte er den Treibstoff verbraucht und vorbei war es mit der Möglichkeit der freien Bewegung. Er versuchte sich nun durch Ziehen oder Drehen am Seil zu bewegen; unter anderem wollte er sich vor dem Fenster von McDivitt positionieren, damit der Kommandant bessere Bilder machen konnte. Doch dies gelang nicht. Anstatt vor dem Fenster zu stoppen, flog er in einem Kreisbogen vorbei und einmal schlug er sogar auf und verschmierte den Schmutz, den die Abtrennung der zweiten Stufe hinterlassen hatte.

Beim Einsteigen hatte er wie Leonow Probleme mit dem im Vakuum aufgeblähten Anzug. Weniger, weil er nicht durch die Luke gepasst hätte, sondern vielmehr, weil jede Bewegung im Anzug enorme Anstrengung erforderte und es sehr schwierig war, die Luke zu schließen. Für die folgenden Flüge plädierte White für ein Druckventil im Anzug, mit dem beim Einstieg der Druck vermindert werden konnte. Geändert wurde jedoch nur der Lukenmechanismus, der bei den folgenden Raumschiffen leichter schloss. Ein zweites Öffnen der Luke, bei der White die Verbindungsleine über Bord werfen sollte, welche ihn im Raumfahrzeug nur behinderte, musste deswegen entfallen. Die Missionskontrolle wollte nicht nochmals ein Problem mit der Luke riskieren.

Bei Gemini gab es keine Luftschleuse. Stand eine EVA an, so legten beide Astronauten ihre Raumanzüge an und senkten den Kabinendruck. Eine Undichtigkeit der Anzüge konnte so bereits im Raumschiff festgestellt werden, wo sie die Atmosphäre schnell wieder hätten herstellen können. Erst wenn es keine Probleme gab, öffneten Sie eine Luke, sodass der Copilot aussteigen konnte. Die restliche Atmosphäre in der Kapsel entwich und die Luke musste wegen der Sicherheitsleine auch offen bleiben. Erst nach Abschluss der EVA konnten die Astronauten wieder die Atmosphäre in der Kapsel herstellen.

Die folgenden Tage dienten vor allem dazu, Erfahrungen mit Langzeitflügen zu sammeln. Trotz der Zip Pistole war die EVA sehr anstrengend. White gab in der Folge allen Astronauten, die eine EVA durchführen mussten, den Rat, ein Krafttraining (hauptsächlich für die Arme) durchzuführen. Die Leichtigkeit des Manövrierens mit der Pistole führte zu der Fehleinschätzung, es gäbe keine Probleme bei der Bewegung in der Schwerelosigkeit. Ein Missionsplaner verlautbarte, nun wäre bewiesen, dass die Astronauten, wenn sie nicht mit dem LM an die Kommandokapsel andocken könnten, einfach zur Kommandokapsel rüberschweben könnten. Dass White, als er versuchte sich nur mit dem Seil zu bewegen, durchaus Probleme hatte, wurde dabei verdrängt. Die nun folgenden drei Missionen sollten keine EVA Manöver durchführen, da die notwendige Hardware weitere Entwicklungsarbeit benötigte. Die Filmaufnahmen vom Ausstieg wurden einen Tag nach der Landung im US-Fernsehen veröffentlicht und verursachten Begeisterungsstürme. White und McDivitt bekamen danach einen triumphalen Empfang inklusive der obligatorischen Konfetti Parade durch New York.

Es stellte sich heraus, dass die Geräuschkulisse der Gemini Kapsel problematisch war. Die Astronauten schliefen während ihrer Mission kaum. Erstmals gab es bei dem langen Flug auch die Problematik, ungestört sprechen zu können. Wünschte ein Astronaut dies, so setzte die Boden-kontrolle ein „UHF-6" Manöver auf die Liste.

Dies war der Code für den Mediziner am Cape, auf eine gesicherte Leitung in einen anderen Raum zu gehen. Die Presse bekam jedoch sehr bald Wind davon und lüftete das Geheimnis. Das galt auch für den „Blue Bag" Status, mit dem sich die Missionskontrolle nach einem menschlichen Bedürfnis erkundigte. (Die Kotproben wurden in blauen Beuteln gesammelt.)

*Abbildung 30: White bei seinem Weltraumspaziergang (Bild: NASA)*

Auch bei Gemini 4 klappte die geplante Punktlandung nicht: Der Bordcomputer verbrauchte während der Mission dauerhaft Energie aus den Batterien und gefährdete so die Mission, weil die Energiereserven knapp wurden. Mehrfaches Ein/Ausschalten, sowohl von der Konsole in der Gemini, wie auch durch Funkkommandos von der Erde aus, änderten nichts daran. Schließlich wies die Flugleitung McDivitt an, den Stecker zu ziehen. Dies half bezüglich der Energieproblematik, doch nun musste McDivitt ohne Computerhilfe landen. Er hatte damit keine Vorgaben für die Betätigung der RCS-Triebwerke. Manuell gesteuert landete die Kapsel 81 km vom Zielpunkt entfernt.

Abbildung 31: Gut sichtbar ist hier die Zip-Pistole zu erkennen, aber auch wie sich die Leine um Whites Körper windet. (Bild: NASA)

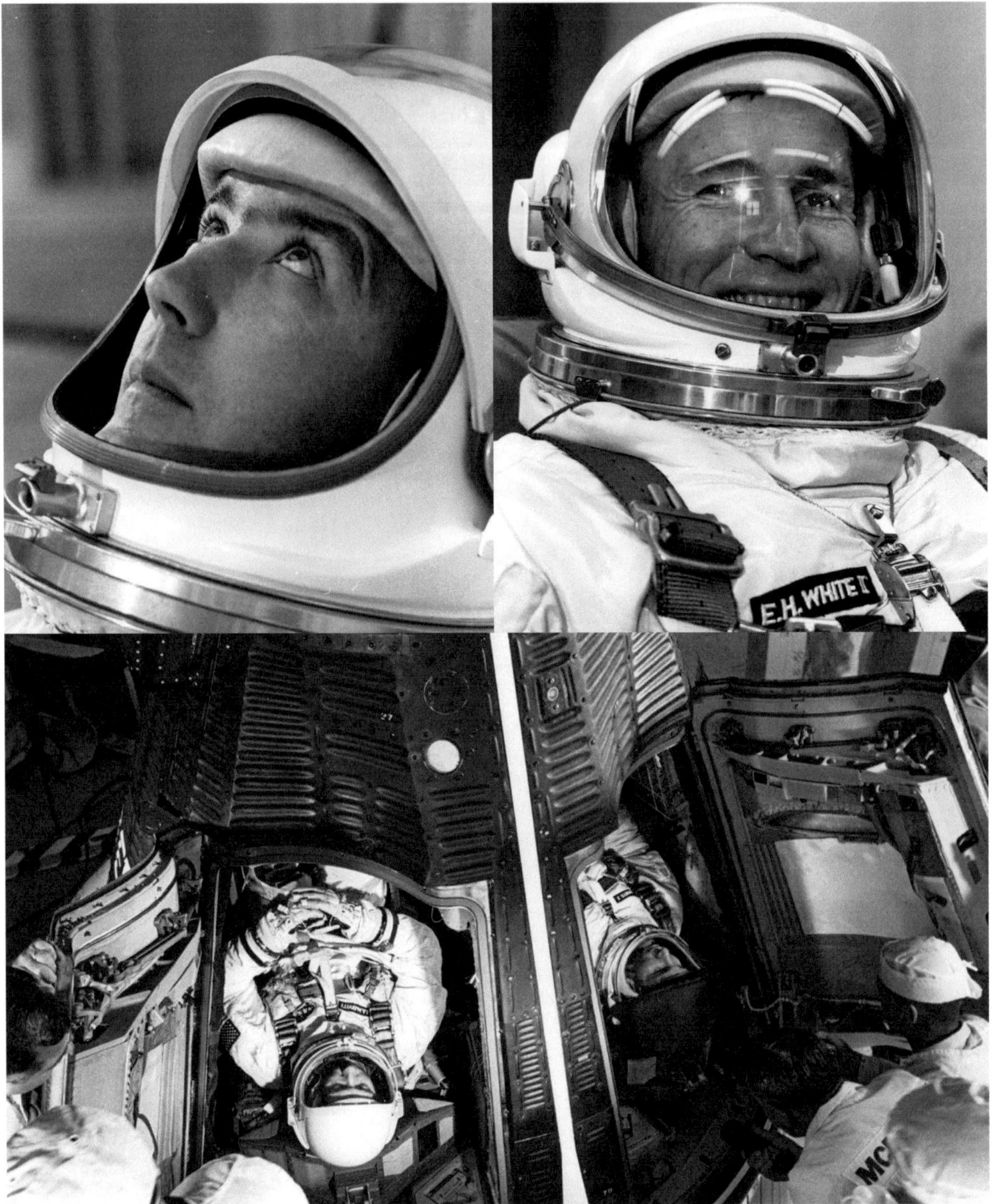

*Abbildung 32: McDivitt und White im Training sowie vor dem Start in der Kapsel (Bild: NASA)*

# Gemini 5 (21.-29.8.1965)

Besatzung: Leroy Gordon „Gordo" Cooper und Charles „Pete" Conrad
Ersatzmannschaft: Neil Alden Armstrong und Elliott McKay See

Wichtigstes Ziel dieser acht Tage dauernden Mission war die Erprobung des Raumschiffs über eine Einsatzdauer von einer Woche und die Untersuchung des Einflusses der Schwerelosigkeit auf die Astronauten. Erstmals überholten die USA die UdSSR bei der Aufenthaltsdauer im Weltall. Neu war die Stromversorgung der Kapsel durch Brennstoffzellen anstatt Batterien.

Als erste Vorbereitung für die in späteren Missionen folgenden Kopplungsmanöver erprobte Gemini 5 einige GATV-Systeme in einem Subsatelliten, dem **R**endezvous **E**valuation **P**od (REP). Der REP wog 34,5 kg. Er hatte den GATV Radar Sender, blinkende Lichter, Batterien und eine Sende/Empfangsantenne an Bord. Er war am Heck des Ausrüstungsteils montiert. 2 Stunden 25 Minuten nach dem Start drehte sich Gemini 90 Grad nach rechts und ein Sprengsatz trennte den REP mit einer Geschwindigkeit von 1,5 m/s ab. Geplant war nun, dass sich Gemini auf einen Orbit 10 km tiefer und 22,5 km hinter den REP begibt und dann ein simuliertes Rendezvous durchführt.

Dies musste entfallen, als die Besatzung einen Spannungsabfall in einer der Brennstoffzellen feststellte. Der Druck sollte 59 bar (850 psi) betragen, unterschritt aber schon bald 14 bar (200 psi), ab dem die Sicherheitsvorgaben einen Abbruch vorsahen. Das MCC bereitete sich schon auf eine Notlandung vor. Die Besatzung reduzierte, um dies zu verhindern, den Stromverbrauch auf ein Minimum. Bei nur 30 % nomineller Leistungsaufnahme stabilisierte sich der Druck nach einem Tag. Der Druck in den Brennstoffzellen blieb dann stabil bei 5 bar (70 psi). Brennstoffzellen, die parallel beim Hersteller getestet wurden, arbeiteten zuverlässig bei diesem Druck. Tests ergaben, dass der Druck bis auf 1.5 bar (22 psi) fallen durfte. So verlängerte die Flugkontrolle die Mission auf die ursprüngliche Dauer. Später stellte sich heraus, dass die Ursache im Ausfall eines Heizelementes der Brennstoffzellen lag.

Später machte der Wassertank Probleme, welcher das von den Brennstoffzellen erzeugte Wasser auffangen sollte. Die Brennstoffzellen erzeugten wesentlich mehr Wasser, als die Besatzung zum Trinken brauchte. Dafür war der Tank zu knapp dimensioniert worden. So wies die Missionskontrolle die Astronauten an, so viel wie möglich zu trinken. Danach wurde das Wasser in Tüten eingelagert. Mehrmals musste der Tank ins All entleert werden. Spätere Gemini Kapseln erhielten ein Überdruckventil im Auffangtank. Eine weitere Änderung, die jedoch erst bei Apollo umsetzt werden konnte, waren – nach den Problemen mit dem Druck der Zellen – dass die Zellen so konstruiert wurden, dass sie im Flug ein- und ausschaltet werden konnten.

Am zweiten Tag ging die Crew an die Rendezvoustests. Da der REP-Zielkörper inzwischen außer Reichweite und seine Batterien erschöpft waren, kam die Bodenkontrolle auf eine neue Idee: ein Rendezvous Manöver mit einem imaginären Ziel. Dies klappte sehr gut. Das erstmals an Bord befindliche Radar hatte keine Probleme sich am dritten Tag auf einen Radarsender von Cape Canaveral „einzuklinken" und Geschwindigkeit und Entfernung zu berechnen. Basierend auf diese Berechnung wurde der Orbit verändert und er hatte fast die gleichen Parameter wie das „virtuelle Ziel". In der Folge standen 17 Experimente auf dem Programm. Das Wichtigste war die Verifikation von Beobachtungen der Mercury Astronauten, die feinere Details am Boden ausmachen konnten, als es das menschliche Auge eigentlich zuließ. Cooper und Conrad konnten spezielle Bodenmarkierungen zwar nicht erkennen, jedoch eine startende Minuteman in Vandenberg und das Bergungsschiff. Am fünften Tag fiel eines der OAMS-Triebwerke aus, gefolgt von einem weiteren am nächsten Tag. Dies schränkte die Durchführung der Experimente für den Rest der Mission ein, da die Kapsel nun unregelmäßig taumelte. Darauf folgte, dass das komplette OAMS abgeschaltet werden musste. Die Kapsel bewegte sich durch austretenden Wasserstoff und Sauerstoff, teilweise aufgrund der Fehlfunktion der Brennstoffzellen.

Die Bergung verlief wiederum nicht plangemäß. Obwohl Cooper genau nach den Vorgaben des Bordcomputers steuerte und auch seine Bahn mit den Berechnungen der Bahnfachleute am Boden übereinstimmte, kam die Kapsel 169 km vor dem berechneten Punkt an. Des Rätsels Lösung: Die Erde dreht sich um 360.98 Grad pro Tag.

Gerechnet wurde in der Bodenkontrolle aber mit exakt 360 Grad. Die vergessenen 0,98 Grad multipliziert mit 7,9 Tagen im Orbit ergaben einen Fehler von 7,9 Grad. Das ergab eine Abweichung von 878 km. Es gab nun nicht mehr genug Treibstoff um diesen Fehler zu korrigieren, woraus die Abweichung resultierte. Eine nachträgliche Auswertung zeigte, dass ohne diesen Fehler die Kapsel nur 4,5 km vom Zielpunkt entfernt gelandet wäre.

*Abbildung 33: Der REP Rendezvouskörper (Bild: NASA)*

# GATV 6 (25.10.1965)

Die erste Mission mit einer Kopplung war für den 25.10.1965 vorgesehen. Walter Schirra und Tom Stafford saßen in ihrer Gemini Kapsel, als die Atlas von einer benachbarten Startrampe abhob. 101 Minuten später, beim ersten Umlauf der Agena, sollten sie selbst starten. 376 s nach dem Start sollte die Agena zünden, um die noch fehlende Geschwindigkeit zum Erreichen des Orbits aufzubringen. Dabei verlor die USAF den Funkkontakt des Bahnverfolgungsradars und die Telemetrie über den Zustand der Agena riss ebenfalls ab. Wenige Minuten später meldete das Radar der Edwards Air Force Stützpunktes fünf Teile an der Stelle, wo sich das GATV befinden sollte. Die Stufe war offensichtlich bei der Zündung explodiert. Die Untersuchung der Telemetrie zeigte, dass es kurz vorher einen rapiden Druckanstieg in beiden Tanks gab. Wahrscheinlichste Ursache war ein unbeabsichtigter Fluss von UDMH in die Brennkammer, bevor Salpetersäure eingespritzt wurde. Dies führte zur Explosion der Brennkammer und als Folge davon zur Explosion der Stufe. Lockheed veränderte nun die Einspritzung des Treibstoffs. Die Gemini 6 Mission wurde abgebrochen. Die NASA griff später einen Plan von McDonnell auf, als Alternativlösung einen vereinfachten Adapter bereitzuhalten, falls wieder einmal ein Start einer Agena fehlschlagen sollte.

*Abbildung 34: Conrad (links) und Cooper (rechts) nach der Landung (Bild: NASA)*

# Gemini 6A (15.-16.12.1965)

Besatzung: Walter „Wally" Marty Schirra und Thomas Patten „Tom" Stafford
Ersatzmannschaft: Virgil Ivan „Gus" Grissom und John Watts Young

Hier gibt es einen Bruch in der Chronologie von Gemini. Gemini 6 sollte ja das GATV 6 anfliegen, doch dieses stand nicht zur Verfügung. Die Mission Gemini 6 wurde daher gestrichen.

Die NASA kam nun auf die Idee, stattdessen ein Rendezvous mit Gemini 7 durchzuführen und änderte die Flugbezeichnung in „Gemini 6A". Der Flug von Gemini 6A fand daher nach dem von Gemini 7 statt. Die Mission erprobte zahlreiche Tests, die für Gemini 6 vorgesehen waren, wie die Annäherung an ein Ziel, nur eben kein Ankoppeln. Gleichzeitig bereitete sie die Mannschaft am Boden vor, zwei Raumfahrzeuge gleichzeitig zu betreuen, was auch bei Apollo nötig war. Die Genehmigung für die neue Mission kam sehr rasch und durchlief im frühen November 1965 die ganze NASA-Hierarchie innerhalb von nur vier Tagen.

Da es nur eine Startrampe für die Titan gab, musste sofort nach dem Start von Gemini 7 am 4.12.1965 eine neue Titan aufgerichtet, startbereit gemacht, eine Gemini Kapsel installiert und der Start vorbereitet werden. Die USAF schaffte dies in der Rekordzeit von acht Tagen. Dies gelang, indem Gemini 6 voll-

*Abbildung 35: Stafford (links) und Schirra (rechts) (Bild: NASA)*

ständig vorbereitet und dann abgebaut und in einer Halle zwischengelagert wurde. Danach wurde Gemini 7 gestartet und die Startrampe für Gemini 6 vorbereitet. Dieser Plan war ursprünglich für den Fall, dass ein Hurrikan sich näherte, vorbereitet worden. Problematisch war auch die Bahnverfolgung und Telekommunikation. Es gab zwar zwei Missionskontrollzentren in Houston aber nur eine Datenleitung zu den Bodenstationen rund um den Erdball. Das Kontrollzentrum schlug vor, die alte Mercury Ausrüstung zu benutzen, was dann auch umgesetzt wurde: Eine Raumkapsel sandte jeweils nur die wichtigsten Daten zu den Bodenstationen und diese wurden über Fernschreiber weiter übermittelt. Die Daten des anderen Raumschiffs wurden über die regulären Datenleitungen übertragen.

Der erste Startversuch von Gemini 6A am 12.12.1965 verlief dramatisch. Nach dem Starten der Triebwerke lösten sich die Kabelverbindungen zur Rakete. Dies war der Auslöser für den Start der Borduhr. Eine vergessene Staubschutzkappe in einer Treibstoffleitung führte aber zum automatischen Abschalten der Triebwerke nach 1,2 s, bevor diese vollen Schub erreicht hatten, und die Rakete abheben konnte. Walter Schirra, Kommandant und Veteran des Mercury Programms, bemerkte die laufende Uhr, aber auch das Abschalten der Triebwerke. Gemäß Vorschrift hätte er nun die Schleudersitze auslösen müssen, da bei einer abgehobenen Titan diese wieder auf den Startplatz zurückfallen würde – mit etwa 140 t giftigem Treibstoff in den Tanks. Da er jedoch noch keine Beschleunigungskräfte verspürt hatte, blieb er ruhig. Das rettete die Mission. Nach Dick Gordons Aussage löste Schirra vor allem nicht aus, weil der den Schleudersitzen nicht traute. Selbst wenn der Ausstieg geglückt wäre, so hätten die Kräfte beim Auslösen der Raketen des Schleudersitzes die Astronauten so stark mitgenommen, dass sie für Monate nicht erneut hätten fliegen können. Nach einer Inspektion, bei der Techniker die Staubschutzhaube entdeckten, fand der Start am 15.12.1965 statt. Am selben Tag näherte sich Gemini 6A der Gemini 7 Kapsel, die zu diesem Zeitpunkt schon 11 Tage im Orbit war. Gemini 6 war die letzte Kapsel mit einer Stromversorgung auf Basis von Batterien. Gemini 7 diente als passives Ziel, da sie nur noch 11 % Treibstoff hatte, Gemini 6 dagegen noch 62%.

Beim Start war Gemini 7 noch 1.900 km von Gemini 6 entfernt. Einen ersten Radarkontakt gab es bereits in 396 km Abstand. Zwei Zündungen des OAMS reduzierten dann sukzessive die Relativgeschwindigkeit, bis diese in 110 m Entfernung auf Null ging. Gemini 6A näherte sich zuerst auf 40 m an Gemini 7 und umrundete dann die Kapsel, um Heck und Nase zu inspizieren. Eine weitere Annäherung fand bis auf 30 cm statt. Ankoppeln konnten die Raumschiffe nicht, da es keine passenden Kopplungsadapter gab. Eine Berührung sollte wegen eines (möglicherweise vorhandenen) Potenzialunterschiedes in Folge elektrostatischer Aufladung vermieden werden. Die beiden Kapseln umrundeten sich gegenseitig und machten voneinander Aufnahmen. Der Formationsflug dauerte 5 Stunden 19 Minuten, dann stand die Ruheperiode an und Gemini 6A ging auf einen sicheren Abstand von 50 km. Bei der somit erstmals möglichen Inspektion des Raumschiffs von außen wurde entdeckt, das am Adapter noch Schnüre hingen, die von der Befestigung an der Titan herrührten: Sie schlugen bei Betätigung der Triebwerke auf das Ausrüstungsteil, wodurch Geräusche entstanden. Die Besatzungen von Gemini 3-5 wunderten sich, dass die Triebwerke mal zu hören waren und mal nicht. Damit war dieses Rätsel gelöst. Nachdem das Rendezvous so reibungslos klappte, landete Gemini 6A schon nach einem Tag am 16.12.1965. Das Radar und die Ansteuerung per Bordcomputer, wie auch die manuelle Steuerung (in der Endphase), hatten perfekt funktioniert. So konnte die NASA bei Gemini 8 die Ankopplung und Veränderung der Umlaufbahn durch die Agena angehen.

Die Besatzung führte vier Experimente durch. Drei davon waren fotografische Aufnahmen des Bodens, von Wetterphänomenen sowie der Tag-/Nacht-Grenze. Ein viertes Experiment, die Messung der Strahlung im Raumschiff, konnte nicht abgeschlossen werden, da der Datenrekorder nach 21 Stunden ausfiel. Erstmals gelang Gemini 6A die gewünschte Punktlandung mit nur 11 km Abweichung vom Zielpunkt.

*Abbildung 36: Gemini 6 im Orbit (Bild: NASA)*

# Gemini 7 (4.-18.12.1965)

Besatzung: Frank Frederick Borman und James Arthur „Jim" Lovell
Ersatzmannschaft: Edward Higgins „Ed" White und Michael „Mike" Collins


Gemini 7 hatte zwei Aufgabenstellungen: zum einen der Test von Kapsel und Besatzung über die Dauer eines Mondfluges. Der Flug dauerte 13 Tage 18 Stunden, länger als ein Flug zum Mond und der längste im Gemini Programm. Dieser Rekord hatte Bestand bis zum Jahr 1970, als er von Sojus 9 überboten wurde. Zum andern das Rendezvous mit Gemini 6A. Nach dem Start näherte sich Gemini 7 der zweiten Stufe der Titan, um ein Rendezvous durchzuführen. Diese begann aber zu taumeln, weil Resttreibstoff austrat, sodass Gemini 7 sich nur auf 15 m näherte. Nach der dritten Erdumrundung wurde der Orbit auf 230 × 300 km Höhe angehoben, damit er über die Missionsdauer stabil blieb.


Erprobt wurde auch ein neuer Modus für Langzeitmissionen: Jeweils ein Astronaut dürfte den Raumanzug ablegen, genannt „shirt-sleep Modus". Der andere musste den Raumanzug anbehalten, um im Falle eines Druckabfalls reagieren zu können. Die Klimaanlage konnte es aber nur einem recht machen. Weiterhin war der Raumanzug nicht bequem, er war steif, jede Bewegung war nur unter Kraftaufwand möglich. Die Astronauten wechselten sich zwar mit dem Tragen des Anzugs ab, aber schlafen konnten sie darin nicht. Später bekamen Lovell und Borman die Erlaubnis, beide die Raumanzüge abzulegen, außer bei kritischen Manövern wie der Kopplung mit Gemini 6A.

Nach der Landung von Gemini 6 bat Borman darum, die Kapsel landen zu dürfen. 12 Tage in der engen Kapsel waren genug und er machte sich Sorgen um die Brennstoffzellen, bei denen die Druckwerte schon am Anfang der Mission stark gefallen waren. Das Missions-

*Abbildung 37: Die Gemini 7 Crew (Bild: NASA)*

kontrollzentrum startete eine Telefonkonferenz mit McDonnell und bekam die Zusicherung, dass die Zellen noch mindestens weitere 48 Stunden arbeiten würden. Dies wurde Lovell und Borman mitgeteilt. Danach wurde die Besatzung gefragt, ob sie es *wirklich* nicht länger aushalten kann, und bei dieser provokativen Frage bekam die Flugleitung selbstverständlich die erwartete Antwort „Natürlich halten wir noch durch!"

Besonders zu bewundern sind die Astronauten, die es im Volumen einer Duschkabine 14 Tage ausgehalten haben, versorgt mit Essen aus der Tube, ohne Toilette und ohne Möglichkeit sich zu waschen. Insbesondere nachdem die Urinbehälter leckten und einer gar platzte. Der frei fliegende Urin wurde dann mit dem abgetrennten Abluftrohr eines Raumanzugs abgesaugt, das als Staubsauger missbraucht wurde. Auch bei Gemini 7 fiel früh während der Mission eine Brennstoffzelle aus, worauf die Besatzung das Lagekontrollsystem abschaltete. Wie bei Gemini 5 beruhigte sich das ohne Lagekontrolle entstehende Taumeln um die Längsachse von alleine nach einem Tag. Borman und Lovell führten auch drei wissenschaftliche, vier technische und acht medizinische Experimente durch, darunter umfangreiche Erdbeobachtungen und Fotografien.

Nach Gemini 7 galt die Kapsel als für Langzeitmissionen erprobt. Die USA hatten nun die notwendige Erfahrung mit Flügen, welche die Dauer einer Mondmission übertrafen. Medizinische Probleme gab es keine. Die Besatzung war nach der Landung erstaunlicherweise in einer besseren Verfassung als jene von Gemini 5. Borman hatte 4,5 kg Gewicht verloren und Lovell 3,0 kg.

*Abbildung 38: Seitenansicht der Gemini Kapsel im Orbit (Bild: NASA)*

Beim Wiedereintritt wurde der Besatzung durch einen Zahlendreher ein falscher Eintrittswinkel mitgeteilt. Anstatt 35 Grad trat sie mit 53 Grad in die Atmosphäre ein. Trotzdem gelang Borman eine zielgenaue Landung mit einer Abweichung von 10 km, dem bisher besten Wert.

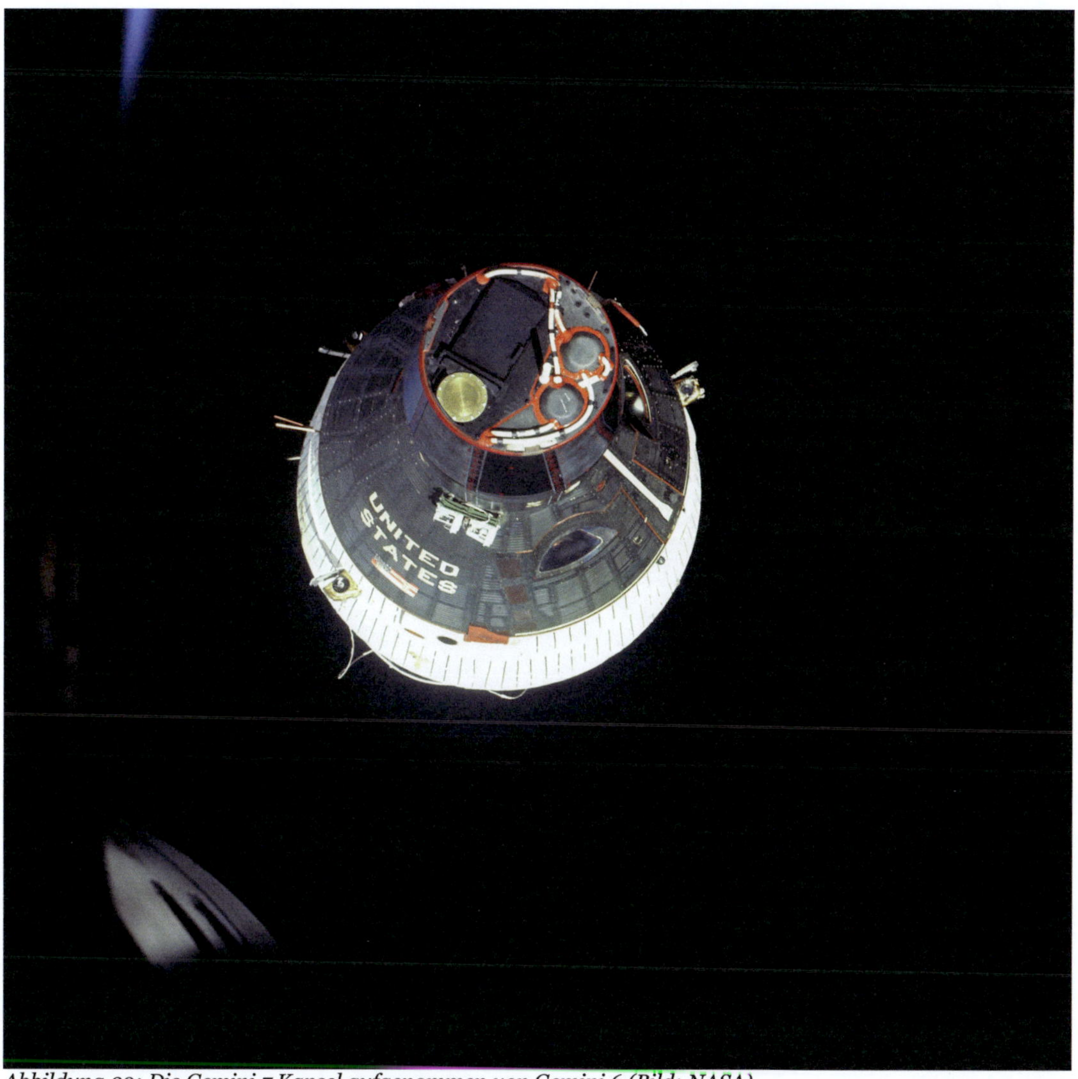

*Abbildung 39: Die Gemini 7 Kapsel aufgenommen von Gemini 6 (Bild: NASA)*

# GATV 8 (16.3.1966)

Der Start des zweiten GATV klappte reibungslos. 101 Minuten vor dem Abheben von Gemini 8 startete die Atlas-Agena in einen nahezu kreisförmigen Orbit von 300 km Höhe. Nachdem Gemini 8 das Kopplungsmanöver abgebrochen hatte, wurde die Stufe für weitere Tests genutzt. Zuerst wurde die Umlaufbahn auf 380 km Höhe angehoben, damit sie länger in der Umlaufbahn blieb. Danach gab es acht weitere Zündungen des primären und zwei des sekundären Antriebssystems.

Insgesamt 5.439 Kommandos wurden zur Agena übertragen, bis nach 10 Tagen die Batterie erschöpft war. Sowohl die Betriebsdauer als auch Anzahl Zündungen, waren deutlich höher als die Anforderungen für Gemini. Die Agena hatte sich bestens rehabilitiert, nachdem ihr zuerst das Scheitern von Gemini 8 zugeschrieben wurde. Im Juli 1966 nutzte Gemini 10 das GATV 8 als Rendezvousziel, jedoch ohne anzukoppeln. Dank des hohen Orbits verweilte die Agena bis zum 15.9.1967 im Orbit, bis sie nach 548 Tagen wieder in die Erdatmosphäre eintrat.

*Abbildung 40: Noch gab es keine Probleme – die Agena fotografiert von Gemini 8 (Bild: NASA)*

# Gemini 8 (16.-17.3.1966)

Besatzung: Neil Alden Armstrong und David Randolph Scott
Ersatzmannschaft: Charles „Pete" Conrad und Richard Francis „Dick" Gordon

Nachdem das Ziel erreicht wurde, die Missionsdauer eines späteren Apollo-Raumflugs zu übertreffen, ging es nun an das nächste Ziel, das Ankoppeln an einen Körper im Orbit. Primäres Ziel von Gemini 8 war eine Dreitagesmission mit Kopplung an das GATV 8. Danach sollte Scott aussteigen und aus dem Gepäckraum einen Rucksack holen, Erde und Sternhimmel fotografieren, mit einer Manövrierpistole sich zur GATV 8 bewegen und dort ein Gerät zur Mikrometeoritendetektion aktivieren sowie einige Werkzeuge im Weltraum erproben. Dazu sollte ein „Extravehicular Support Package" (ESP) eingesetzt werden. Es war ein Zwischenschritt zwischen der von White eingesetzten Zip Pistole und der Astronaut Maneuvering Unit (AMU), die bei Gemini 9 erprobt werden sollte.

Wie die AMU befand sich das ESP am Heck des Ausrüstungsteils. Sie wurde als „Backpack" wie ein Rucksack getragen, hatte eine eigene Sauerstoffversorgung und ein Sprechfunkgerät. Anders als die AMU setzte sie aber die Zip-Pistole zum Manövrieren ein. 8 kg Freon-14 in Druckgasflaschen sollten eine längere Bewegungszeit erlauben. Bei 9 N Schub sollte Scott sich 200 Sekunden (zehnmal so lange wie White) bewegen können. Das ESP war mit dem Lebenserhaltungssystem durch eine 8 m lange Versorgungsleine und eine 24 m lange Sicherheitsleine verbunden. Scott konnte auf eine Versorgung des ESP umschalten und dann die Versorgungsleine ausklinken und sich, gesichert durch die Sicherheitsleine (ein Stahlseil), bis zu 30 m vom Raumschiff entfernen.

Insgesamt drei An- und Abkoppelmanöver mit der GATV 8 waren geplant. Darunter das Anheben des Orbits auf 410 km Höhe. Weitere technologische Experimente galten der Verbesserung der Landegenauigkeit und der Erprobung des Bandspeichers für den Bordcomputer. Hinzu kamen zehn wissenschaftliche Experimente. Insgesamt war Gemini 8 die bisher anspruchsvollste Mission.

Anders als bei Gemini 6 gelang der Start des GATV 8 am selben Tag. Nach sieben Stunden, in der vierten Erdumrundung, hatte sich die Gemini 8 aus ihrem 160 × 272 km hohen Orbit dem GATV 8 genähert und koppelte an. Die radargesteuerte Annäherung und das Ankoppeln gelangen problemlos. Die Flugkontrolle übermittelte vom Boden aus die Kommandosequenz für das Anheben des Orbits zur Agena. Allerdings erhielt die Flugkontrolle lediglich eine Bestätigung des korrekten Empfangs; ein Auslesen des Computerspeichers war vom Boden aus nicht möglich.

27 Minuten nach dem Ankoppeln begann die Kombination immer rascher zu rotieren und erreichte sechs Umdrehungen pro Minute. Da schon der Start der letzten Agena scheiterte und die Astronauten ihr nicht trauten, schalteten Scott und Armstrong zuerst abwechselnd die Agena an und ab (Codes 401 und 400) wie von der Bodenstation für den Fall einer Fehlfunktion vor dem

Ankoppeln geraten. Die Gemini Kapsel war während dieser kritischen Phase praktisch auf sich alleine gestellt, da sie nur während etwa 5 Minuten pro Umlauf Funkkontakt zum Boden hatten. Dieser wurde über ein Schiff mit Empfangsantennen hergestellt.

Die Rotation war aber nicht zu stoppen und wurde sogar schneller. Armstrong koppelte ab, weil er den Fehler in der Agena vermutete. Es war jedoch die Gemini Kapsel, bei der eine Düse alle 3 s feuerte. Sie reagierte völlig unberechenbar, unabhängig von den Kommandos, schaltete sich laufend an und aus.

Als Folge wurde durch die verringerte Masse die Rotation noch stärker und erreichte eine Umdrehung pro Sekunde; nahe an der Grenze, bei der die Astronauten bewusstlos geworden wären. Zusätzlich taumelte die Kapsel durch den veränderten Schwerpunkt nun auch noch. Das Gesichtsfeld der Astronauten schränkte sich bereits ein („Tunnelblick"); ein Symptom, das kurz vor der Bewusstlosigkeit auftritt. Es blieb ihnen nur noch eine Wahl: Auf das RCS-System in der Kapsel umzuschalten und das Steuerungssystem der Ausrüstungseinheit völlig von der Stromzufuhr zu trennen. Armstrong tat dies und konnte so die Rotation in der sechsten Erdumkreisung stoppen. Dadurch hatte Armstrong jedoch 75 Prozent des vorhandenen RCS Treibstoffs verbraucht. War das Wiedereintrittssystem einmal in Betrieb genommen, so sahen auch die Anweisungen vor, so rasch wie möglich zu landen. Denn hätten Sie keinen Treibstoff mehr, so wäre die Kapsel nicht ausrichtbar vor der Zündung der Retroraketen und auch danach nicht mehr steuerbar. Das MCC leitete für den nächsten Orbit eine Notlandung ein und die Mission war nach nur 11 Stunden beendet.

Die Bergung der Kapsel, die in der Nähe von Okinawa niederging, 10.000 km vom primären Zielgebiet im Atlantik entfernt, war wegen eines Wellengangs von 6 m Höhe ebenfalls problematisch. Es dauerte drei Stunden, bis der Zerstörer Leonhard Mason mit Maximalgeschwindigkeit Gemini 8 erreicht hatte und die Besatzung geborgen wurde. Die Punktlandung, erstmals vom Bordcomputer mitgesteuert – nur 2 km vom errechneten Zielpunkt entfernt – war die wohl beste Nachricht zur Mission.

Die NASA veröffentlichte zuerst nur eine lapidare Pressemitteilung; die schriftlichen Protokolle des Funkverkehrs folgten erst drei Tage später. Der Tonbandmitschnitt wurde nicht veröffentlicht. Offizielle Begründung war, dass die NASA den Eindruck vermeiden wollte, dass die wegen der 0.35 bar Atmosphäre höher klingenden Stimmen für hysterisch gehalten werden würden. Armstrong hatte sich mit seinem überlegten Verhalten für eine weitere Aufgabe qualifiziert: Sicher spielte dies auch eine Rolle, warum er Kommandant des ersten Fluges wurde, der auf dem Mond landen sollte. Ursache für die dauernd feuernde Steuerdüse war ein Kurzschluss im elektrischen System der Steuerdüsen. Dadurch bekam eine Düse sporadisch Strom und feuerte. Bei den nächsten Kapseln baute McDonnell als Folge zahlreiche Sicherungssysteme ein, die elektrisch betätigte Systeme stromlos machten, falls ein Kurzschluss aufgetreten wäre.

*Abbildung 41: Gemini 8 Start und Armstrong und Scott (Bilder: NASA)*

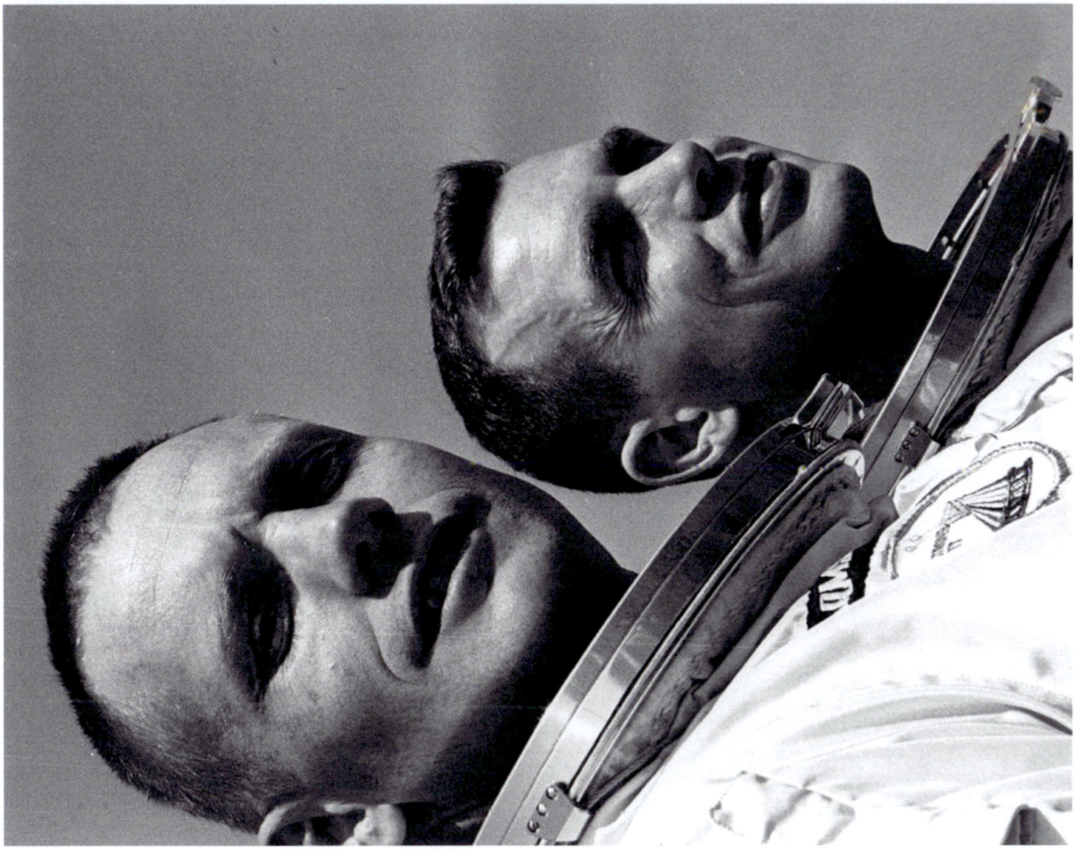

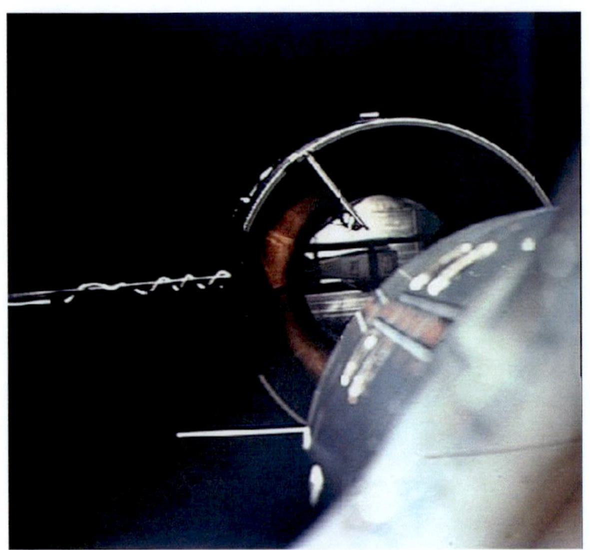

*Abbildung 42: Ankopplung an die Agena und Bergung von Gemini 8 nach der Notlandung (Bilder: NASA)*

## GATV 9 (17.5.1966)

Gemini 9 sollte das bei Gemini 6A ausgefallene und bei Gemini 8 abgebrochene Ankoppeln mit einem Zielsatelliten erproben. Die Agena wurde am 17.5.1966 gestartet, ging jedoch schon nach wenigen Minuten verloren, als die Atlas-Triebwerke nicht mehr reagierten. Nach 120,6 Sekunden, 10 s vor Abwerfen des Triebwerksblocks, schwenkte eines der Boostertriebwerke in eine extreme Position. Das zweite Triebwerk und das zentrale Haupttriebwerk arbeiteten dagegen, aber sie konnten nicht verhindern, dass die Rakete in eine Schräglage geriet. Nach Abtrennung der Boostertriebwerke lag die Atlas in einem Winkel von 216 Grad anstatt 67 Grad zur Horizontalen und bewegte sich nordwärts auf das Cape zu. Weiterhin hatte sich die Atlas so gedreht, dass vom Boden aus kein Eingreifen möglich war, da die Funkantenne nicht mehr zum Boden ausgerichtet war. 300 Sekunden nach dem Start schaltete sich das Zentraltriebwerk ab und die Agena wurde abgetrennt. Ihr Bordcomputer zündete sie aber nicht, wahrscheinlich, weil er die falsche Fluglage bemerkte. Siebeneinhalb Minuten nach dem Start schlugen Atlas und Agena im Atlantik auf, 172 km nordöstlich der Startrampe und 145 km von der Küste entfernt.

Ursache für den Fehlstart war ein Kurzschluss im Verstärker für den Servomotor des Triebwerks 2, wahrscheinlich verursacht durch ein Leck in den Leitungen des flüssigen Sauerstoffs in der Antriebssektion.

## ATDA (1.6.1966)

Nach dem zweiten Fehlstart einer GATV kam nun die Stunde der Ausweichlösung, des ATDA. Innerhalb von 14 Tagen wurde eine Atlas E mit dem ATDA startbereit gemacht. Der Start selbst gelang auch ohne Probleme.

Nach dem Start wurden widersprüchliche Angaben über das Abtrennen der Nutzlasthülle empfangen. Einige Sensoren meldeten das Öffnen der beiden Hälften der Verkleidung, andere meldeten, dass ein Band sich nicht geöffnet hatte. Der Flug von Gemini 9 wurde daher auf den 3.6.1966 verschoben, bis das Problem analysiert war. Besonders frustrierend war dies für Thomas Stafford – Es war sein dritter Startabbruch in Folge. Er sagte später, dass zwar Lovell den Rekord bei Gemini für den längsten Aufenthalt im Weltall hielt, er aber den Rekord bezüglich Warten auf den Start. Inklusive seiner beiden Flüge hatte er fünfmal einen Countdown durchlaufen.

Schließlich entschloss sich die Missionskontrolle Gemini 9 zu starten und die Besatzung den ATDA inspizieren zu lassen, vermutete zu diesem Zeitpunkt aber schon, dass die Nutzlasthülle sich nicht gelöst hatte. Da die Atlas E eine Nutzlast von 1.300 kg besaß, konnte sie ohne Problem die Verkleidung mit in den Orbit transportieren.

*Abbildung 43: Die originale Crew (See/Basset; oben ) und die Crew, die schließlich flog (Stafford/Cernan; unten (Bilder: NASA)*

# Gemini 9A (3.-6.6.1966)

Besatzung: Thomas Patten „Tom" Stafford und Eugene Andrew „Gene" Cernan
Ersatzmannschaft: James Arthur „Jim" Lovell und Edwin Eugene „Buzz" Aldrin


Bei Gemini 9A startete erstmals die Reservemannschaft. Die Primärcrew (Elliott See und Charles Bassett) kam am 28.2.1966 durch einen Pilotenfehler von Elliott See bei der Landung mit ihrem T-38 Jet ums Leben. Nach dem Startabbruch am 17.5.1966 wurde die Mission mit leicht geänderten Missionszielen (kein Zünden des Kopplungsziels) als Gemini 9A neu angesetzt. Wichtigstes Experiment war die Erprobung der **A**stronaut **M**aneuvering **U**nit (AMU) der Air Force. Die AMU war ein 81 cm hoher, 56 cm breiter und 48 cm tiefer Tornister, den Cernan auf dem Rücken schultern sollte. Der 75 kg schwere und 24 Millionen Dollar teure Rucksack hatte ein autonomes Lebenserhaltungssystem und zwölf Triebwerke, mit denen sich der Astronaut bewegen konnte. Dieses Antriebssystem arbeitete mit der katalytischen Zersetzung von Wasserstoffperoxid. Verglichen mit dem vorher verwendeten Druckgas erlaubte es eine längere Betriebsdauer.


Der Raumanzug musste verstärkt werden, um eine Beschädigung durch die Abgase der AMU zu verhindern. Der G4C Anzug war für Temperaturen von maximal 260°C ausgelegt, die Abgase hatten aber eine Temperatur von 815°C. Ellbogen- und Kniezonen wurden zusätzlich verstärkt. So bekam die oberste Schicht eingezogene Fasern aus rostfreiem Stahl um eine Beschädigung zu verhindern. Zur thermischen Isolation folgten 22 Schichten abwechselnd aus hochtemperaturfestem Nylon und aluminisierter Mylarfolie. Am Rücken und Kopf, wo sich ebenfalls Düsen befanden, mussten vor dem Anlegen Protektoren mit derselben Funktion übergezogen werden. Neu war auch der Helm, der nun ein Visier aus Polycarbonat erhielt. Dieses Material war zehnmal widerstandsfähiger gegenüber schockartiger Belastung, wie sie von Mikrometeoriten ausgeübt wird. Damit war nur ein Visier zu nötig; bisher waren es zwei gewesen.


Die AMU war für autonomes Arbeiten ausgelegt. Sie enthielt 3,2 kg Sauerstoff unter 500 bar Druck in einer Gasflasche, zwei Batterien mit 28 V (Primärsystem) und 16.5 V (Reservesystem) Nennspannung sowie einen Sendeempfänger auf Frequenz des Kapselsystems. 11 kg Wasserstoffperoxid waren für die Manövertriebwerke an Bord. Der Maximalschub betrug 11 N. Die Triebwerke wurden in sechs Paaren in allen drei Raumachsen jeweils in Vor- und Rückwärtsrichtung platziert. Gesteuert wurde die AMU durch zwei Kontroller. In der linken Hand befand sich die Steuerung für die Bewegung nach vorne und hinten sowie Schalter für die Funkverbindung und Regelung des Lebenserhaltungssystems. Der rechte Steuerknüppel erlaubte die Kontrolle der Bewegung nach oben und unten, rechts und links.


Die USAF wollte die AMU sogar ohne Sicherheitsleine erproben. Das Flugkontrollzentrum bestand jedoch auf einer 45 m langen Verbindung. Überhaupt gab es Diskussionen um den Einsatz der AMU und der Sicherheitsleine. Für die NASA war die AMU kein wichtiges Experiment. Freie Bewegung im Raum war vielleicht wichtig für eine zukünftige Raumstation aber nicht für Apollo. Das Militär hatte aber konkrete Pläne für einen Nachfolger der AMU: Eigene oder gegnerische Satelliten sollten inspiziert, repariert und mit neuem Film versorgt werden – kurzum die Zahl der Anwendungen war groß. Weitere Experimente von Gemini 9A umfassten die Untersuchung der Häufigkeit von Mikrometeoriteneinschlägen, Fotografien des Zodiakallichts und des Nachtleuchtens auf der Erde. Der erste Punkt musste entfallen, da die Agena, auf welcher sich der Mikrometeoritendetektor befand, die nicht Umlaufbahn erreichte.

Als die Besatzung sich nach drei Umrundungen bis auf 8 m dem ATDA näherte, stellte sie fest, dass sich die Nutzlastverkleidung an der Basis nicht gelöst hatte und ein Koppeln nicht möglich war. Ein Plastikband sollte durch Pyropatronen durchtrennt werden doch dies war nicht erfolgt. Alle Versuche, dieses vom Boden aus zu lösen, scheiterten. Die Missionskontrolle brachte die Gemini auf einen neuen Orbit, der sie nach 90 Minuten wieder zum ATDA bringen sollte und versuchte erneut durch Zünden der Korrekturtriebwerke die Verkleidung abzustreifen. Dies gelang jedoch nicht. Dem Hersteller des Plastikbands war dies jedoch recht – er machte damit Werbung für sein „unverwüstliches" Produkt.

Die Astronauten nannten den ATDA, wegen der Ähnlichkeit zu einem geöffneten Krokodilmaul, „angry alligator". Es gab nun Annäherungen, aber keine Kopplung. Eine erste EVA musste abgesagt werden, weil die Astronauten wegen starken Sonneneinfalls nicht schlafen konnten. Es gab dann Diskussionen zur Vorgehensweise. Astronaut Edwin Aldrin befürwortete eine EVA: Cernan sollte zur ATDA gehen und die Verkleidung von Hand zu lösen versuchen. Dies stieß bei den Flugleitern auf Widerstand wegen des Risikos. Sie befürchteten, die scharfen Kanten der Verkleidung könnten ein Loch in den Weltraumanzug reißen. Da Gemini 9A mittlerweile durch die Manöver zu viel Treibstoff verbraucht hatte, sagte Mission Control alle weitere Begegnungen ab. Diese waren auch nur einer von drei Missionszielen, die Gemini 9A erproben sollte. Aldrin behauptete dann später, dass sein Vorgehen (welches er aggressiv, unter Umgehung der Hierarchie direkt der Missionskontrolle vortrug) ihn den Job des Kommandanten von Apollo 11 kostete, und damit das Privileg, als Erster auf den Mond auszusteigen. Dem widersprach der Leiter des Flugs, Chris Kraft. Der zweite Tag war verschiedenen Experimenten in der Kapsel gewidmet.

Am dritten Tag verließ Cernan die Kapsel um einige Experimente der Luftwaffe zu erproben, vor allem aber, ob Astronauten im Weltall Arbeiten durchführen können. Es zeigte sich, dass dies sehr schwer war. Die Haltegriffe und Klettbänder an der Außenseite der Kapsel reichten nicht aus, um ein Arbeiten zu ermöglichen. Cernan hatte nur eine Hand frei und jeder Handgriff erzeugte ein Gegenmoment, das er kompensieren müsste. Es gelang ihm, den Mikrometeoritendetektor abzumontieren und Fotografien der Kapsel anzufertigen. Es dauerte lange bis Cernan die AMU am Heck der Ausrüstungseinheit erreicht hatte. Er stellte fest, dass die Stufentrennung einen scharfen Grat hinterlassen hatte, und befürchtete, er könnte die Verbindungsleine beschädigen.

Nun sollte Stafford von innen die Verkleidung der Außenseite der Versorgungseinheit lösen. Dies funktionierte nicht und Cernan musste sie von Hand öffnen. Er ging durch die 35 Punkte Checkliste und brachte es fertig, die AMU anzulegen. Das war im Vakuum mit dem verstärkten Anzug in etwa so, als würde er versuchen, mit einer Ritterrüstung einen Rucksack anzulegen. Sein Herzschlag ging bis auf 155 Schläge pro Minute hoch. Er schwitzte stark durch die Anstrengung. Nun verschlechterte sich die Sprechverbindung bis zur Unverständlichkeit, und gerade, als sie wieder da war, trat das Raumschiff in den Erdschatten ein. Zuerst beschlug sein Visier, weil die Klimaanlage die Feuchtigkeit nicht mehr bewältigen konnte und nun gefror das Wasser im Erdschatten am Visier zu Eis. Cernan stand erst im Nebel und nun schaute er durch einen vereisten Helm. Cernan fühlte sich vollkommen hilflos. Schließlich verfing er sich mehr und mehr in der Sicherheitsleine.

Hilfe hatte Cernan nicht zu erwarten. Stafford hatte die Anweisung bekommen, wenn Cernan nicht von alleine in die Kapsel zurückkehren konnte, die Sicherheitsleine zu kappen und ohne ihn zur Erde zurückzukehren. Entsprechende Anweisungen bekamen auch alle anderen Kommandanten kurz vor dem Start in einem persönlichen Gespräch mit Deke Slayton. Zwar galt beim Militär der Grundsatz „niemanden zurücklassen". Doch bei der EVA konnte der Kommandant nicht seinem Kopiloten helfen. Er hatte keine Sicherheitsleine und wäre daher selbst in Gefahr geraten verloren zu gehen, wenn er versuchte hätte, die Kapsel zu verlassen. Stafford schlug vor, die EVA abzubrechen. Auch auf dem Boden hatten die Mediziner Bedenken wegen der physiologischen Werte. Die Flugkontrolle machte sich Sorgen, weil alles vier- bis fünfmal so lange dauerte wie geplant. Die EVA wurde abgebrochen, die AMU wieder verstaut. Nach 17 Minuten war Cernan wieder zurück in der Kapsel. In den 128 Minuten (geplant: 167) konnte er nur einen Teil der Experimente durchführen, war aber völlig erschöpft, als er in die Kapsel zurückkletterte. Zu allem Überdruss schloss die Luke zuerst nicht und erst nach vier Minuten war das Raumschiff wieder dicht. Trotz der Modifikationen nach Gemini 4 war die Luke nur schwer zu schließen.

Gemini 9A gelang die genaueste Landung des Programms. Die Kapsel ging nur 0,7 km vom Zielpunkt entfernt nieder. Die Kombination aus Berechnungen des Computers für die Brennmanöver und manueller Steuerung durch die Astronauten machte dies möglich. Der Computer alleine hätte die Kapsel in einem Kreis von 4 km um den Landepunkt platziert. Im Wesentlichen hatte Gemini 9 keines der Missionsziele erreicht. Cernan sprach später von einem „Weltraumspaziergang durch die Hölle". Er hatte über 6 kg Körpergewicht in vier Tagen verloren. (Stafford zum Vergleich nur 2,5 kg). Dem Missionskontrollzentrum dämmerte allmählich, dass EVA Arbeiten durchaus schwieriger waren, als sie nach dem Ausstieg von White aussahen (der allerdings nur schwerelos schwebte und keinerlei Arbeit verrichten musste). Die NASA bekam auch Kritik von der Presse, die von der zweiten gescheiterten Mission in Folge sprach.

*Abbildung 44: Der ATDA mit teilweise abgelöster Nutzlastverkleidung und die AMU mit angepasstem G4C Anzug (Bild: NASA)*

*Abbildung 45: Der "verärgerte Alligator" mit der Nutzlastverkleidung.
Die L-Band Kommunikationsantenne ist ausgefahren.*

# GATV 10 (18.7.1966)

Der Start des dritten GATV gelang problemlos. Die Agena gelangte in einen nahezu kreisförmigen, 300 km hohen Orbit. Nach dem Abkoppeln von Gemini 10 wurde das Antriebssystem des GATV zweimal erneut gezündet. Einmal am 20.7.1966 um einen 386 × 1.390 km hohen Orbit zu erreichen und die Temperatureffekte in dieser Höhe zu studieren (es gab keine signifikanten Änderungen), sowie eine weitere Zündung des sekundären Systems, um einen 352 km hohen kreisförmigen Orbit zu erreichen. Insgesamt führte die Agena Oberstufe 1.700 Kommandos aus. Davon wurden 1.350 vom Boden und 350 von Gemini 10 übermittelt. Am 29.12.1966, nach 163 Tagen im Orbit, verglühte die Agena beim Wiedereintritt.

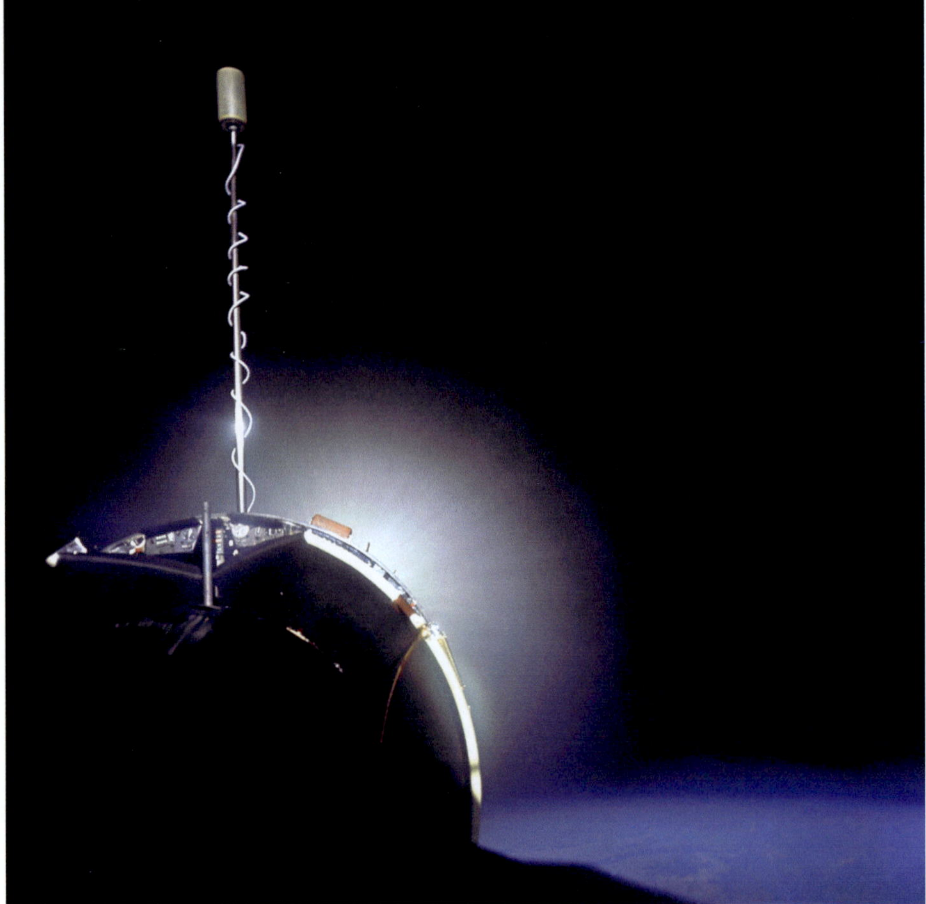

*Abbildung 46: Zündung der Agena bei der Gemini 10 Mission (Bild: NASA)*

*Abbildung 47: Primär- und Backup Besatzung von Gemini 10 bei der Pressekonferenz. Von Links: Young, Collins, Bean, Williams (Bild: NASA)*

## Gemini 10 (18.-21.7.1966)

Besatzung: John Watts Young und Michael „Mike" Collins
Ersatzmannschaft: Alan LaVern Bean und Clifton Curtis Williams

Gemini 10 sollte nun das Koppeln mit dem dritten GATV endlich durchführen. Letzteres wurde am selben Tag wie Gemini 10, nur 100 Minuten vor der Kapsel, erfolgreich gestartet. Erstmals sollten Astronauten ihren Kurs mit Hilfe eines Sextanten und des Bordrechners ermitteln. Die Ergebnisse waren jedoch so ungenau, dass die Bodenkontrolle wieder die Steuerung des Raumschiffs übernahm.

Weiterhin gab es 15 wissenschaftliche, technische und medizinische Experimente, die zum einen bisherige Untersuchungen ergänzten (Erdfotografie, Mikrometeoritendetektion) aber auch neue Untersuchungen. So sollte eine astronomische, im UV-Spektralbereich empfindliche Kamera getestet und die Ionendichte gemessen werden.

Die Bahn von Gemini 10 wies nach dem Start einen relativ großen Fehler in der räumlichen Lage auf. Als Folge verbrauchte Gemini 10 bis zum Ankoppeln an die Agena in der vierten Erdumkreisung 60 % des vorhandenen Treibstoffs, doppelt so viel wie vorgesehen. Das machte eine Änderung des Flugplanes notwendig. Solange Gemini mit dem GATV verbunden war, sollte die Agena sämtliche Korrekturmanöver durchführen.

Das Triebwerk des GATV wurde für 14 s gezündet, womit Gemini 10 eine elliptische Umlaufbahn von 763 km maximaler Entfernung zur Erde erreichte. Dabei handelt es sich um den bisher höchsten Orbit. Eine weitere 13 s dauernde Zündung des GATV nach acht Umläufen brachte die Kapsel wieder in die vorherige Umlaufbahn. Ein drittes Zünden des GATV brachte die Kombination auf einen nahezu kreisförmigen, 380 km hohen Orbit; denselben, den das GATV 8 hatte. Young machte Aufnahmen im UV-Spektralbereich bei offener Luke (Stand-Up EVA). Danach wurde vom GATV 10 abgekoppelt.

Nun näherte sich Gemini 10, ausschließlich mit optischer Navigation, dem Zieladapter GATV 8. Da die Batterien der Agena längst entladen waren, konnte sich die Besatzung weder auf die Blinklichter, noch auf den Radar Transponder verlassen. Dies bedeutete eine neue Herausforderung, die von der Gemini 10 Mannschaft gemeistert wurde. Das NORAD lieferte die Bahndaten des Zielkörpers und Young manövrierte zu den vorgegebenen Koordinaten, bis er die Agena optisch in einigen Kilometern Entfernung ausmachen konnte. Hier sollte die EVA stattfinden. Collins hatte einen Raumanzug mit dem ESP, vergleichbar demjenigen bei Gemini 8, aber mit Verbesserungen nach den Erfahrungen mit Gemini 9. Er war jedoch nicht verstärkt wie bei Gemini 9 und daher waren Bewegungen mit weniger körperlicher Anstrengung verbunden. Weitere Verbesserungen betrafen die Fingerkuppen, welche nun eine geriffelte Oberfläche für einen besseren Halt hatten, sowie das Visier, welches durch ein Spray so behandelt wurde, dass es nicht beschlug.

Doch wie bei Gemini 9 gab es Probleme, als die eigentliche EVA anstand. Collins sollte vom 2 m entfernten Docking Adapter der Agena eine Platte abmontieren, mit der die Mikrometeoritenzahl im Weltall bestimmt werden sollte. Das gelang wegen der glatten Oberfläche erst beim zweiten Versuch. Beim Zurückkehren verhedderte er sich zudem in der Sicherheitsleine und verlor die 70-mm Kamera und damit alle Fotos von der EVA. Die Leine wickelte sich um seinen Körper und das Anbringen einer Austauschplatte musste abgesagt werden. Die EVA musste wegen eines zu hohen Treibstoffverbrauchs seiner Manövrierpistole nach 40 Minuten vorzeitig beendet werden.

Abbildung 48: Landung von Gemini 10 nach drei Tagen im All  und Young (links) / Collins vor einer Empfangsantenne (Bilder: NASA)

Insgesamt verlief die EVA mit der Zip-Pistole jedoch deutlich besser, als der Versuch, die AMU bei Gemini 9 anzulegen.

Nach drei Stunden entfernte sich Gemini 10 vom GATV 8. Alle weiteren Experimente funktionierten. Probleme gab es mit einer geplatzten Kohlendioxidkassette, deren Chemikalien in den Sauerstoffkreislauf gerieten. Die Astronauten klagten in der Folge über brennende und tränende Augen.

Erstmals war ein Kopplungsmanöver reibungslos verlaufen. Es gelang sogar, die Annäherung an eine noch inaktive Agena einer vorhergehenden Mission, ohne das deren Systeme dies unterstützt hätten. Das gab Zuversicht. David Scott sagte später über diesen Punkt von Gemini: „You go away back, it was a big mystery doing a rendezvous. Magic mysterious stuff! Now it's just straight off – choof bang“. Da die Kopplung das Hauptziel von Gemini war, wurde sogar erwogen die beiden letzten Missionen zu streichen. Doch da die Hardware schon bezahlt war, plante die NASA nun weitere Aktivitäten für die beiden verbliebenen Missionen (Verbindung der Agena mit der Kapsel durch ein Seil, Ankopplung während des ersten Orbits) und setzte sich eine Deadline bis zum Ende des Jahres. Danach sollten die ersten Apollo Flügen beginnen.

Nach der 43. Erdumrundung landete Gemini 10 etwa 6,3 km vom vorgesehenen Zielgebiet entfernt im Atlantik. Die NASA bewertete Gemini 10 als vollen Erfolg. Jedoch sah die Flugkontrolle erneut die Probleme bei der EVA, vor allem, da es keine Fixierung des Astronauten gab. Das führte zur Modifikation der Kapsel für Gemini 12.

*Abbildung 49: Start von GATV 10 und die Nase von Gemini 10 (Bilder: NASA)*

# GATV 11 (12.9.1966)

Wie schon das letzte GATV erreichte die Agena einen nahezu kreisförmigen, 300 km hohen Orbit. Nach der Ankopplung von Gemini 11 zündete die Besatzung die Agena zweimal. Das erste Mal am 14.9.1966 für 25 Sekunden. Erreicht wurde einen Orbit von 300 × 1.390 km Höhe. Damit wurde der Entfernungsrekord von Gemini 10 gebrochen. Nach zwei Umläufen wurde das Triebwerk für 22,5 Sekunden gezündet und die Agena gelangte in einen 287 × 304 km hohen Orbit. Dort wurde am 15.9.1966 vom GATV abgekoppelt. Nach 108 Tagen im Orbit trat der vorletzte Zielkörper am 30.12.1966 wieder in die Erdatmosphäre ein.

*Abbildung 50: Die Primärcrew von Gemini 11: Gordon und Conrad (Bild: NASA)*

# Gemini 11 (12.-15.9.1966)

Besatzung: Charles „Pete" Conrad und Richard „Dick" Gordon
Ersatzmannschaft: Neil Alden Armstrong und William Alison „Bill" Anders

Das EVA-Training wurde nach den Erfahrungen von Gemini 9 und 10 reorganisiert und umfasste nun Übungen in einem Wassertank. Eugene Cernan berichtete nach einem Test, dass die Bewegungsabläufe im Wasser denen seiner EVA ähnelten. Leider war die Zeit zwischen Gemini 10 und 11 zu kurz dafür, als dass schon Dick Gordon davon hätte profitieren können. An der EVA-Ausrüstung wurde seit Gemini 10 nichts verändert. Neu war ein Experiment, bei dem eine Verbindungsleine zwischen Agena und Gemini angebracht werden sollte. Danach sollten sich beide Raumschiffe wieder trennen und einen Formationsflug testen.

Der Start von Gemini 11 verzögerte sich mehrfach. Zuerst fanden Techniker in der Titan Trägerrakete ein Leck, danach schaltete sich der Bordcomputer des GATV 11 bei einem Test vor dem Start ab. Schließlich klappte der Start am 12.9.1966 nach einer Verzögerung von acht Minuten, nachdem sich zuerst eine der Luken der Gemini Kapsel nicht hermetisch schloss. Erstmals schaffte Conrad das Ankoppeln an die Agena bereits in der ersten Erdumrundung. Erneut sollte an einen GATV-Zielkörper gekoppelt werden und Außenbordaktivitäten durchgeführt werden. Acht weitere wissenschaftliche und technologische Experimente standen ebenfalls auf dem Programm.

Conrad hatte lediglich 44% des vorgesehenen Treibstoffs verbraucht und so waren weitere Kopplungstests möglich. Conrad schaffte dies, obwohl der Radarabstandsmesser des GATV 11 ausgefallen war und er sich nur auf die Augen verlassen konnte. Jeder Astronaut machte zwei An- und Abkoppelübungen mit dem GATV. Nach dem letzten Ankoppeln an das GATV brachte die Agena mit der Zündung ihres Haupttriebwerks Gemini 11 in eine Höhe von 1.390 km. Das war umstritten, weil in dieser Höhe die Strahlungsbelastung schon beträchtlich höher als auf den sonst nur 300 km hohen Umlaufbahnen ist. Die Astronauten (vor allem Pete Conrad) waren jedoch dafür und dies gab den Ausschlag. Dabei entstanden die bis dahin besten Fotos der Erde. Conrad wollte damit auch testen, ob Farbbilder bei Wettersatelliten sinnvoll wären. Als Gemini 11 den 300 km hohen Orbit wieder erreicht hatte, brachte Gordon bei einer EVA ein 30 m langes Seil zwischen Agena und Gemini an. Er kletterte dazu über die Nase zur Agena und „ritt auf ihr". Weitere Aktivitäten mussten abgebrochen werden, da erneut die Klimaanlage des Raumanzugs nicht mit der produzierten Wärme und dem Schweiß fertig wurde. Gordons Visier beschlug und Streulicht blendete ihn auf dem rechten Auge. Conrad strich zwei Experimente und holte Gordon zurück in die Kapsel. Auch das Reinigen der Fensterscheiben von außen wurde abgesagt. Dies führte insgesamt zu einer Verkürzung des Ausstiegs. Gegenüber Gemini 9 hatte McDonnell mehr Haltegriffe an der Kapsel angebracht und die Halteleine von 15 auf 9 m verkürzt. Doch diese Änderungen reichten noch immer nicht aus. Nach dem Einsteigen in die Kapsel fand ein Test der Rotation beider Raumschiffe um den gemeinsamen Schwerpunkt statt. Da die Rotation mit sechs Minuten Umlaufzeit sehr langsam war, ergab sich auch nur eine geringe Mikrogravitation. Gegen Ende des 14.9. fiel eine der Brennstoffzellen aus, doch die anderen konnten die Last übernehmen. Nach insgesamt drei Tagen landete die Kapsel, erstmals vollautomatisch vom Bordcomputer gesteuert, 4,6 km vom Zielpunkt entfernt. Gemini 11 hatte damit einige Ziele erreicht: Die Ankopplungen hatten geklappt und auch die Zündungen des Triebwerks. Alle Beteiligten konnten Missionserfahrung und zwei weitere Astronauten Kopplungserfahrung sammeln. Dazu kam die erfolgreiche Steuerung des Wiedereintritts durch den Computer. Noch immer konnte die NASA aber den Menüpunkt „Arbeit im Weltraum" nicht als erledigt abhaken. Nach Ansicht von Gordon hätte die NASA dafür weitaus weniger Flüge benötigt, wenn sie sich mehr Zeit gelassen hätte, um die Lehren einer Mission zu verarbeiten und in den Missionsplan einzuarbeiten. Doch zum damaligen Zeitpunkt war dies keine Option: Drei Monate nach Gemini 12 sollte schließlich schon die erste Apollomission starten.

*Abbildung 51: Indien und Ceylon aus 817 km Höhe fotografiert von Gemini 11*

# GATV 12 (11.11.1966)

Als letztes Kopplungsziel für einen Gemini Flug wurde 100 Minuten vor dem Start von Gemini das letzte GATV gestartet. 140 s nach der Zündung der Agena gab es während einer Sekunde einen Brennkammerdruckverlust von 2,1 Bar. Danach kehrte der Schub auf ein normales Niveau zurück. Die Agena arbeitete weiter, bis sich die Stufe nach 182 s abschaltete und den vorgesehenen 295 × 304 km hohen Orbit erreichte. Dieser Vorfall bewog die Missionsplaner jedoch dazu, nicht mehr das primäre Antriebssystem zu benutzen. Die Sicherheit der Besatzung hatte wie immer oberste Priorität. Nun hatte die Agena-D aber speziell für Gemini ein zweites Antriebssystem mit eigenen Triebwerken und eigenem Treibstoff erhalten, welches nun erstmals zum Einsatz kam.

Zweimal wurde dann bei der Ankopplung an Gemini 12 das sekundäre Antriebssystem benutzt. Da dieses über einen kleineren Schub und weniger Treibstoff verfügte, wurde der Orbit nur geringfügig verändert. Als Gemini 12 die Stufe am 14.12.1966 verließ, befand sich diese in einem 260 × 295 km hohen Orbit. Sie wurde danach abgeschaltet und blieb bis zum 23.12.1966 im Orbit.

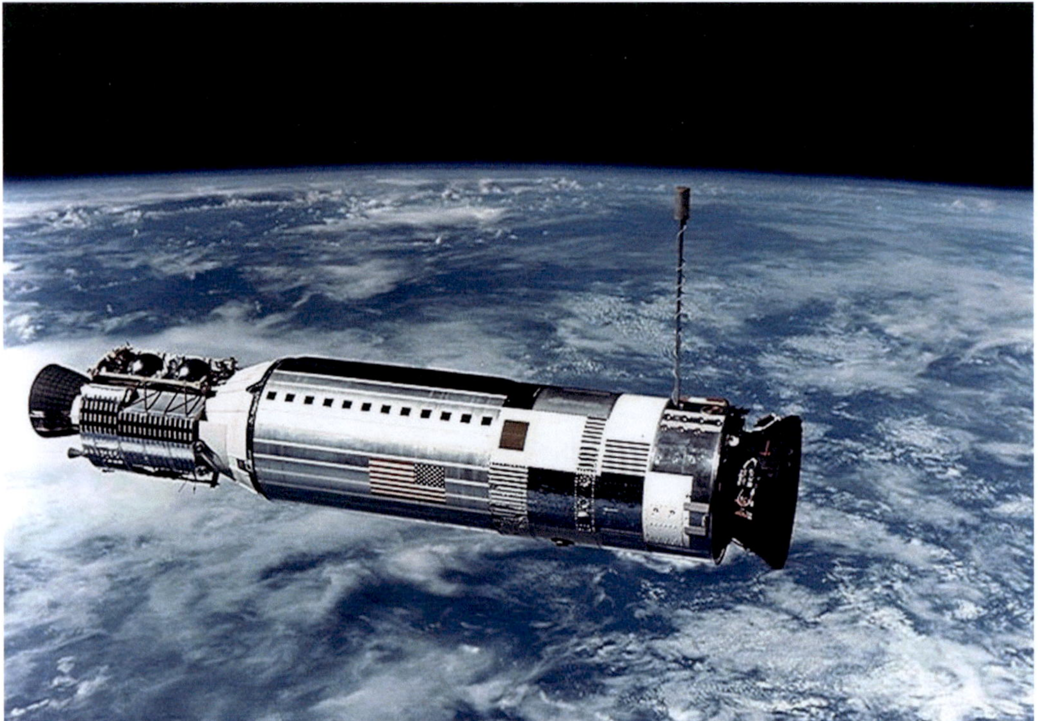

*Abbildung 52: GATV 12, fotografiert von Gemini 12 (Bild: NASA)*

# Gemini 12 (11.-15.12.1966)

Besatzung: James Arthur „Jim" Lovell und Edwin Eugene „Buzz" Aldrin
Ersatzmannschaft: Leroy Gordon „Gordo" Cooper und Eugene Andrew „Gene" Cernan

Das letzte noch ausstehende Ziel im Gemini Programm war die EVA-Arbeit, welches nun bei Gemini 12 erreicht werden sollte. Zuerst wollte die Air Force ihre AMU noch einmal testen, welche bei Gemini 9 eindeutig versagt hatte. Sie wurde in der Zwischenzeit verbessert, doch der Einzige, der mit ihr vertraut war, war Eugene Cernan, da sie danach nicht mehr Bestandteil der Trainingseinheiten war. So bot Deke Slayton ihm an, erneut zu fliegen, um die AMU zu erproben. Nach seinen Erfahrungen bei Gemini 9 erbat sich Eugene Cernan Bedenkzeit, doch ehe er zu- oder absagen konnte, ließ die USAF das Experiment fallen. Damit gab es keinen Grund mehr, Aldrin aus der Primärmannschaft herauszunehmen.

Für die Gemini 12 Mission waren drei Ausstiege vorgesehen. Wichtigster Punkt war das Andocken an das GATV, EVA Tätigkeiten und die Erprobung der Erzeugung künstlicher Schwerkraft. Vierzehn weitere wissenschaftliche, technische und medizinische Experimente wurden ebenfalls durchgeführt. Nachdem schon zwei Agena bei Fehlstarts verloren gingen, wurde für Gemini 12 das Bodenexemplar gestartet. Da die vorgesehene Trägerrakete den Start des ATDA durchführte, „borgte" sich das Management eine Atlas aus dem Lunar Orbiter Programm.

In der dritten Erdumrundung koppelte Lovell an die Agena an; auf Sicht, da es erneut Probleme mit dem Radar gab. Damit war auch der Bordcomputer nutzlos, da dieser die Radardaten zur Berechnung von Kurs und Abstand benötigte. Doch Aldrin hatte seine Doktorarbeit über Rendezvous Manöver geschrieben: Er berechnete die Daten für das OAMS von Hand. Danach wurde er von seinen Kollegen nur noch „Dr. Rendezvous" genannt. Der Radarausfall verhinderte auch eine Ankopplung bei der zweiten Erdumkreisung. Wegen des bereits erwähnten Druckabfalls in der Agena verzichtete die Besatzung auf eine Erhöhung der Bahn durch das Haupttriebwerk der Agena. Nur das sekundäre Antriebssystem wurde benutzt, um die Bahn leicht zu ändern, sodass die Besatzung die Sonnenfinsternis am 12.11. über Südamerika miterleben konnte.

Am selben Tag stand dann die erste Arbeit außerhalb des Raumschiffs an. McDonnell hatte die Zahl der Haltemöglichkeiten an der Kapsel drastisch vergrößert. Unter anderem konnte Aldrin nun seinen Fuß in einer Halteklammer fixieren und so den Impuls beim Arbeiten an das Raumschiff übertragen. Dieser Gegenimpuls führte bisher immer zur Bewegung des Astronauten und erschwerte so die Arbeit.

Erstmals hatten die beiden Astronauten auch sämtliche EVA Aktivitäten am Boden in einem überdimensionalen Schwimmbecken an einer Nachbildung der Gemini Kapsel erprobt. Die Astronauten wurden dabei durch Ausgleichsgewichte vom Auftrieb befreit, sodass sie im Wasser „schwerelos" schwebten. Auch wenn die Bewegung im Wasser durch dessen Viskosität nicht mit den Bedingungen im Vakuum vergleichbar ist, hat sich diese Trainingsmethode seither bewährt und ist Basis jeden Astronautentrainings. Aldrin und Lovell galten dann auch als die beiden am besten trainierten Astronauten im Korps.

Aldrin machte zuerst eine über 140 Minuten dauernde Stand-Up EVA, um die neuen Haltemöglichkeiten zu erproben. Er fotografierte dabei die Sonnenfinsternis, brachte eine Kamera an der Außenseite des Raumschiffs an und montierte einen Mikrometeoritendetektor von der Außenseite ab. Am nächsten Tag stand dann die eigentliche EVA an, welche problemlos verlief und bei der Aldrin auch zum GATV kletterte. Er brachte an das GATV ein 30 m langes Verbindungsseil an. Er kam sogar dazu, ein Fenster zu reinigen – verschmutzte Fenster waren bisher immer ein Ärgernis im Gemini Programm gewesen.

Die beiden Raumschiffe entfernten sich wie beabsichtigt voneinander und durch Betätigung der Steuerdüsen brachte Lovell beide zum Rotieren, wodurch eine geringe Schwerkraft an Bord von Gemini entstand. Danach koppelte Gemini 12 von der Agena ab.

Eine weitere Stand-Up EVA fand am 15.12.1966 statt. Dabei wurden weitere Fotografien angefertigt, eine Reihe von Experimenten durchgeführt und überflüssige Ausrüstung über Bord geworfen. Nach 55 Minuten war die letzte EVA im Gemini Programm beendet. Damit hatte Gemini 12 nun auch den letzten Programmpunkt, die Arbeit außerhalb des Raumfahrzeugs, erfolgreich absolviert. Insgesamt hatte Aldrin in den vier Tagen fünfeinhalb Stunden außerhalb der Kapsel zugebracht.

Einzige Panne war der Ausfall von zwei Steuerdüsen des OAMS kurz vor Missionsende. Sie blieben ein Schwachpunkt im Gemini Programm, denn schon bei Gemini 10 gab es Probleme mit einer Düse und dieselbe Steuerdüse verursachte das Scheitern der Mission von Gemini 8. Gemini 12 landete am 15.12.1966 etwa 4,8 km vom Zielpunkt entfernt.

*Abbildung 53: Die Agena an der Leine (Bild: NASA)*

Abbildung 54: Aldrin und Lovell nach der Landung, Start von Gemini 12,
Aldrin beim „Scheibenputzen" und bei der EVA (Bilder: NASA)

# Die Bilanz von Gemini

Das Gemini Programm war an den Kosten gemessen sehr erfolgreich. Es kostete zwar mehr als das Doppelte des Mercury Programms, doch dem standen zehn ausgedehnte anstatt vier kurzen Flügen mit einem enormen Erkenntnisgewinn gegenüber. Wesentliche Techniken, die bei Apollo beherrscht werden mussten, wie das Ankoppeln im Weltraum, konnte die NASA nun durchführen. Die Mediziner wussten nach den Erfahrungen mit Gemini, dass Flüge bis zu 14 Tagen Dauer kein Problem darstellten. Es sparte einige Apollo Testflüge ein (bei dem schon der zweite Flug zur Mondumrundung führte). Damals genauso wichtig: Die USA waren im öffentlichen Bewusstsein an den Sowjets vorbei gezogen. Russland konnte zwar mehr Erstleistungen vorweisen, jedoch keine solche Erfahrung und Präsenz im Weltraum.

Als Folge der Probleme bei den Außenbordarbeiten vergab die NASA einen neuen Auftrag für die Apollo-Raumanzüge. Die bei Gemini eingesetzten Anzüge waren offensichtlich nicht für Arbeit geeignet. Sie sollten nun nicht mehr flexibel aus Nylongewebe gefertigt werden, sondern starr aus Glasfasergewebe, dafür mit beweglicheren Gelenken. Dazu kam eine viel leistungsfähigere Kühlung, die 2.100 kJ an Wärme pro Stunde abführen konnte (dies ist in etwa die Energiemenge, die eine Person auf der Erde beim Laufen aufbringt). Gemini setzte erstmals Brennstoffzellen und Computer ein. Beide Systeme kamen in verbesserter Form bei Apollo zum Einsatz. Dies galt für zahlreiche Subsysteme. Der Astronaut Gus Grissom sagte denn auch: „Ohne Gemini hätte es Apollo nicht gegeben."

Auf der Erde hatte die Flugkontrolle erstmals Langzeitmissionen betreut, die einen Schichtbetrieb nötig machten. Sie war zudem mit unerwarteten Aufgaben, wie dem Abbruch der Gemini 8 Mission sowie Problemen bei den EVA-Arbeiten, konfrontiert worden. Die Missionskontrolle hatte diese Probleme gelöst und kritische Situationen gemeistert. Die NASA erkannte, dass die Öffentlichkeit weitaus mehr an einer Liveberichterstattung interessiert war, was bei Gemini ein Manko war. Die Schwierigkeit mit Liveübertragung hing damit zusammen, dass die Filmaufnahmen nach der Landung erst entwickelt werden mussten. So entwickelte die NASA für Apollo kleine, transportable Videokameras.

Bestimmte Aspekte wurden jedoch ignoriert. So zeigte sich, dass Pilotenerfahrung weder bei der Arbeit im Weltraum noch bei der Steuerung des Raumschiffs wirklich wichtig war. Die Bedingungen waren mit denen auf der Erde nicht vergleichbar. Trotzdem wurde bei Selektion und Ausbildung auf diesen Aspekt, bis heute großen Wert gelegt. Bei technischen Systemen wurden diese Erfahrungen aber umgesetzt: Die manuellen Modi zur Steuerung wurden in Apollo nie eingesetzt. Das Apollo-Raumschiff (CSM, **C**ommand and **S**ervice **M**odule) wurde nur automatisch gesteuert. Auch die Mondlandefähre (LM, **L**unar **M**odule) wurde grundsätzlich automatisch, in der Landephase semiautomatisch (computerunterstützt), gesteuert.

# Blue Gemini und MOL

Schon frühzeitig bemühte sich das US-Verteidigungsministerium um ein eigenes bemanntes militärisches Programm. Ziel war vor allem die Aufklärung. In den sechziger Jahren war die Aufklärung mittels Satelliten noch aufwendig und teuer. Die USA starteten zeitweise jede Woche einen Satelliten, der große Teile der Sowjetunion und andere Krisengebiete auf Film ablichtete. Dieser musste dann geborgen, entwickelt und ausgewertet werden. Trotz des Aufwands war es nur ein Schnappschuss und zwischen Aufnahme und Auswertung lagen Wochen. So wurde auf den Aufnahmen z.B. der bevorstehende Krieg zwischen Israel und seinen Nachbarstaaten im Jahre 1967 nicht erkannt. Als 1968 der Prager Frühling niedergeschlagen wurde, kamen die Aufnahmen, die einen Aufmarsch zeigten, gerade erst aus dem Labor.

Von Menschen im Orbit erhoffte sich die Air Force mehr Selektivität. Diese konnten auch über Funk über ihre Beobachtungen berichten. Die Aufklärungssatelliten waren ein Ersatz für die U-2 Flüge, wobei Letztere nach dem Abschuss einer U-2 am 1.5.1960 eingestellt wurden. Doch Satelliten waren anfangs nur ein schlechter Ersatz und nicht selektiv.

Der erste Versuch eines eigenen Programmes, der Raumgleiter X-20 „Dyna Soar", wurde von 1961-1963 entwickelt und dann eingestellt, weil er mit Investitionen von mindestens 1 Milliarde Dollar zu teuer war. Danach entdeckte das US-Verteidigungsministerium Gemini und fand, dass zahlreiche Ziele von Gemini, wie Kopplungsmanöver und Langzeitmissionen, auch Ziele von Dyna Soar waren und so Gemini dieses Projekt ersetzen könnte. Der erste Vorschlag für ein militärisches Gemini Programm vom Dezember 1963 sah vor, dass die NASA sich bei den letzten Gemini Flügen zurückziehen sollte und zu Apollo übergehen sollte. Stattdessen würde die USAF das Programm übernehmen. Diesen Versuch konnte die NASA abwehren. Zwar könne die USAF gerne die Hardware von Gemini nutzen, nur müsse sie dann eben eigene Verträge mit McDonnell abschließen.

So entwickelte die USAF zuerst einmal das Pflichtenheft für eine militärische Gemini Mission. Eine solche Mission hätte in einen Orbit von 230-280 km Höhe geführt bei einer Inklination von 43-61 Grad (entsprechend der geographischen Breite des „Zielgebietes" – dies deckt unter anderem die Sowjetunion, Osteuropa und große Teile Chinas ab). Anpassungen der Bahnhöhe bis hinab zu 170 km waren vorgesehen. Der erste Umlauf hätte über das Zielgebiet geführt, um dieses fotografisch zu erkunden. Die Folgenden fünf waren für die Bahnvermessung und Kommunikation vorgesehen. Die Gemini Kapsel hätte mindestens 90 kg zusätzliche Ausrüstung mitführen können müssen, wünschenswert wären gar 680 kg gewesen. Dies war die Geburtsstunde von Blue Gemini. Zuerst bekam die USAF, nachdem sie zusammen mit der NASA eine Studie für Blue Gemini gemacht hatte, das Okay für zwei bis sechs zusätzliche militärische „Blue Gemini" Missionen, da es in vielen Punkten gemeinsame Interessen gab:

- NASA und DoD wünschten Erfahrungen mit Missionen bis zu 14 Tagen Dauer.

- NASA und DoD wünschten Erfahrungen mit dem Andocken. Die NASA bezog dies auf das LM, während das Militär mit dieser Technik Satelliten inspizieren und abfangen wollte.

- Kurskorrekturen nach dem Andocken: Waren für die NASA weniger wichtig, die USAF legte hingegen großen Wert darauf. Raumschiffe sollten ihre Bahn ändern können, um verschiedene Gebiete am Boden genauer zu untersuchen.

- EVA Arbeit: War für die NASA eine Vorbereitung auf die Arbeit auf dem Mond und vor allem der Test der Ausrüstung (Raumanzüge). Das Militär dachte hier an konkrete Aufgaben wie Reparaturen an eigenen Satelliten, Spionage an gegnerischen Satelliten und das Nachfüllen von Film. Hier gab es die meisten Differenzen, da Gemini für die Mitführung von Ausrüstung nicht ausgelegt war. Das Militär war sogar bereit, die Schleudersitze auszubauen, um Platz für weitere Ausrüstung zu erhalten.

- Punktlandung: Dies war sowohl ein DoD- als auch ein NASA-Ziel, was sich bei der NASA auch am Paragliderkonzept zeigte. Für die NASA war die Reduzierung der Bergungskosten wichtig und um zu zeigen, dass ein Raumschiff durch Manöverfehler während des Eintritts in den kleinen Eintrittskorridor ausgleichen konnte. Das Verteidigungsministerium wollte eine Landung auf einer US-Militärbasis, um die Mission bis zum Schluss geheim zu halten.

Es zeigte sich, dass sich im Prinzip die wesentlichsten Ziele des DoD sich im NASA-Programm fanden, und so wurde übereingekommen, dass die NASA ihre Erfahrungen mit der USAF teilen würde und Gemini zusätzliche militärische Experimente testen sollten, welche für die NASA nicht primäre Missionsziele waren. So wurde die AMU bei Gemini 9 getestet.

Gemäß dem Wunsch des DoD sollten dem Gemini Programm zwei Erkundungsmissionen folgen. Eine sollte in den Flugplan der NASA eingebunden werden, die andere direkt danach folgen. Diese Missionen sollten nur zwei Tage dauern. Ein Pilot würde seinen Platz in der Kabine mit rund 450 kg Ausrüstung auf dem Copilotensitz teilen. Dieses Mehrgewicht limitierte den Einsatz auf einen niedrigen Orbit, maximal zwei Tage Missionsdauer und keine Kopplungsmanöver. Eine Punktlandung war aufgrund des beschränkten Treibstoffvorrats auch nicht vorgesehen.

Die NASA war mit dem Zeitplan nicht einverstanden, vor allem weil es bedeutet hätte, das Flugpersonal für weitere sechs Monate an Gemini binden – ursprünglich waren die Apollo-Flüge direkt nach der Beendigung von Gemini geplant.

Diesen ersten Erkundungsmissionen sollten dann weitere Missionen unter der Leitung der Air Force folgen. Es zeigten sich die Grenzen des Gemini Raumschiffs, insbesondere was die Zuladung betraf. Selbst wenn die Schleudersitze ausgebaut worden wären und nur eine Person mitgeflog, bliebe die Nutzlastkapazität beschränkt. So wechselte die Air Force mit den Planungen auf die Titan 3C als Trägerrakete. Sie hatte die dreifache Nutzlast der Titan 2. Dies erlaubte es, das benötigte Equipment mitzuführen. Zuerst wurde an ein verlängertes Ausrüstungssegment gedacht. Einerseits sollte es mehr Treibstoff mitführen, um größere Bahnänderungen durchführen zu können. Andererseits konnte dort auch die Ausrüstung untergebracht werden, die dann von der Kapsel aus oder einer EVA bedient wurde. Aus diesem verlängerten Ausrüstungssegment wurde dann ein „Verbindungszylinder" zwischen Raumschiff und Titan. Die Studie schloss, dass es auch möglich wäre, anstatt dem Verbindungszylinder eine kleine Raumstation mit einer Titan 3C zu befördern, und dass es sich lohne, dieses Konzept weiter zu verfolgen.

## Blue Gemini

So begann die Air Force mit ihrem Blue Gemini Programm. Die NASA sagte unter der Bedingung zu, das Gemini nach Plan verläuft. Auf diese Weise könnten USAF-Astronautenkandidaten ab Gemini 8 in den Flugplan eingeflochten werden. Früher als Gemini 8 wäre keine Option gewesen, weil für Apollo genügend Astronauten mit EVA und Docking Training im Weltraum verfügbar sein mussten. Ursprünglich wollte die Air Force die erste Gruppe bis zum September 1964 auslesen, damit sie noch bei Gemini mitfliegen konnten. Doch im Laufe des Jahres 1964 hatte die Air Force ihre Planungen geändert: Die US Luftwaffe plante jetzt eine kleine Raumstation mit einer Titan 3C zu starten. Diese wäre von Gemini Kapseln versorgt worden. Zwei Typen von modifizierten Gemini Raumschiffen wurden zuerst untersucht. Zum einen ein reines Versorgungsraumschiff, bei dem McDonnell alle Systeme entfernt hatte, welche nur für die Besatzung notwendig waren. Dieses Raumschiff hätte die Bahn der Raumstation periodisch angehoben und Verbrauchsgüter wie Gase und Wasser transportiert. Es wäre ein amerikanisches Gegenstück zu den Progress Raumkapseln gewesen. Diese Idee eines reinen Versorgungsraumschiffs wurde später wieder verworfen. Ein zweites Gemini Raumschiff hätte die Besatzung zur Raumstation gebracht.

Damit war eine Beteiligung am zivilen Programm hinfällig. Auch die Beziehungen zwischen NASA und DoD hatten sich verschlechtert, als das DoD forderte, Gemini sollte vom DoD durchgeführt werden und die NASA sollte sich auf Missionen beschränken, die einen Erdorbit verließen. Die erste Astronautengruppe für das Projekt wurde im November 1965 rekrutiert. Die Raumstation selbst sollte nach sechs Testflügen der Titan 3C starten. Zu diesem Zeitpunkt war dies für das Jahresende 1966 vorgesehen. Es folgten zwei weitere Gruppen im Juni 1967 und Juni 1968. Insgesamt 17 Astronauten wurden für das Programm rekrutiert, darunter Robert Lawrence, der erste Astronaut afroamerikanischer Herkunft. Er starb bei einem Flugzeugabsturz im Dezember 1967.

Die modifizierte Gemini für militärische Zwecke wurde „Gemini B" („B" für Blue) genannt. Die ersten Planungen sahen ein Fahrwerk für Landungen auf festem Boden und einen Rettungsturm vor. Dafür entfielen die Schleudersitze, um mehr Platz in der Kapsel zu haben.

Da die Besatzung bei den Gemini Kapseln durch Luken ein- und ausstieg, und dies bei einer Raumstation nicht sinnvoll war, machte dies den Einbau eines Verbindungstunnels durch das Servicemodul notwendig. Dadurch war auch der Hitzeschutzschild nicht mehr aus einem Stück. Es gab eine 0,635 m durchmessende Luke im Schild, durch die die Astronauten in die Station wechseln konnten. Anfangs war ein aufblasbarer Verbindungstunnel geplant. Doch diese Idee wurde verworfen.

Die Gemini B Kapsel wurde mit der Station in einen Orbit gebracht. Sie musste also nicht an diese ankoppeln und benötigte nur Reserven für die Zeit nach dem Abkoppeln, dem dann sehr bald die Landung folgte. Die Kapsel wurde daher für Kurzzeitmissionen umgerüstet. So war es beispielsweise die Energieversorgung mittels Batterien geplant und Druckgas ersetzte das Flüssiggas. Andererseits mussten alle Systeme für eine Missionsdauer von 30-40 Tage ausgelegt werden. Die Kapsel wurde strukturell verstärkt, um die Integrität im Falle eines Einsatzes des Rettungsturmes gewährleisten zu können. Der Hitzschutzschild wurde dicker, um auch steilere Wiedereintrittstrajektorien durchfliegen zu können.

Diese Kapsel und die Luke im Hitzeschutzschild wurden bei einem unbemannten Start erprobt, als am 3.11.1966 die dafür umgebaute Gemini 2 Kapsel beim Jungfernflug der Titan 3C erprobt wurde. Dabei wurde ein Profil geflogen, das den Hitzeschutzschild stärker belastete als bei einem normalen Gemini Flug. Anstatt der Raumstation wurde bei diesem Testflug ein leerer Titan 2 Treibstofftank genommen und dieser mit Ballast gefüllt. Das System erfüllte die Kriterien und wurde als tauglich befunden.

Nach dem Flug von Gemini 6 wurde die Kapsel für Trainingszwecke dem MOL-Programm zugeordnet.

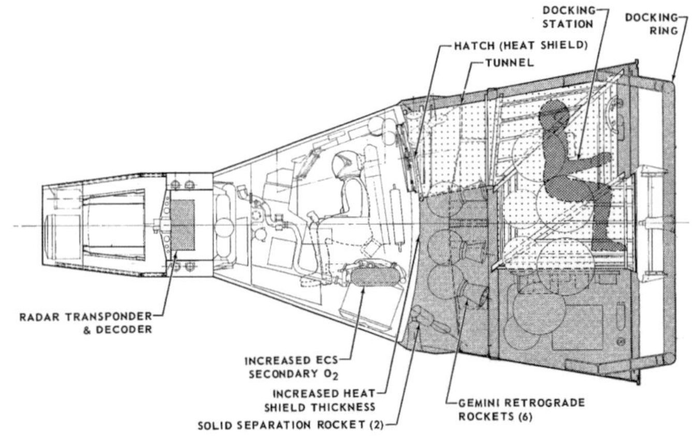

*Abbildung 55: Schnittbild der Gemini Blue Kapsel (Bild: McDonnell)*

| Gemini B Kapsel | | |
| --- | --- | --- |
| Startgewicht (mit Rettungsturm) | | 3.851 kg |
| Gewicht im Orbit: | | 2.767 kg |
| Länge: | | 4,91 m |
| Durchmesser Kapsel: | | 2,32 m |
| Durchmesser Ausrüstungseinheit: | | 3,05 m |
| Betriebsdauer: | | 14 Stunden |
| Orbit Verweildauer: | | Maximal 40 Tage |
| Wiedereintrittseinheit | | 1.983 kg |
| | Davon Struktur | 638 kg |
| | Davon Hitzschutzschild | 144 kg |
| | Davon Lageregelungssysteme | 163 kg |
| | Davon Rückkehrsystem, Fallschirme, Bergungsausrüstung | 98 kg |
| | Davon Navigationsausrüstung | 62 kg |
| | Davon Steuerungssystem | 51 kg |
| | Davon Stromversorgungssystem | 126 kg |
| | Davon Kommunikationssystem | 26 kg |
| | Davon Besatzung und ihre Ausrüstung | 426 kg |
| | Verschiedenes und Reserven | 100 kg |
| Adaptermodul | | 738 kg |
| | Davon Struktur | 131 kg |
| | Davon Transfertunnel | 82 kg |
| | Davon Bremstriebwerke | 231 kg |
| | Davon Stromversorgung | 92 kg |
| | Davon Umweltkontrollsystem | 117 kg |
| | Davon Fernsteuerungssysteme | 40 kg |
| | Verschiedenes und Reserven | 50 kg |
| Rettungsturm | | 1.134 kg |
| | Davon Restmasse nach Abtrennung | 90 kg |

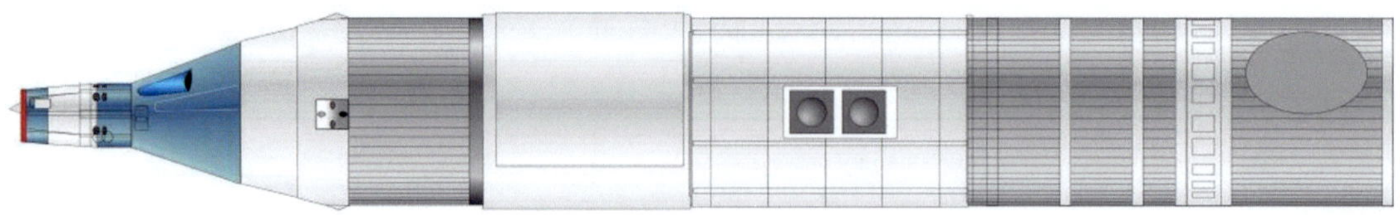

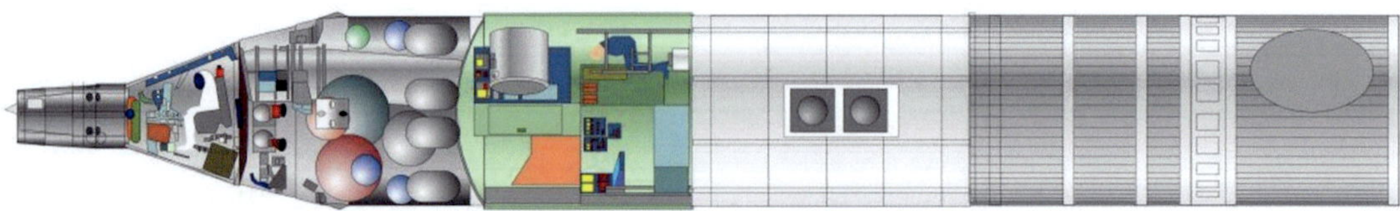

## Manned Orbiting Lab



*Abbildung 56: Künstlerische Darstellungen von MOL von Mark Wade (oben) und von der USAF (unten).*

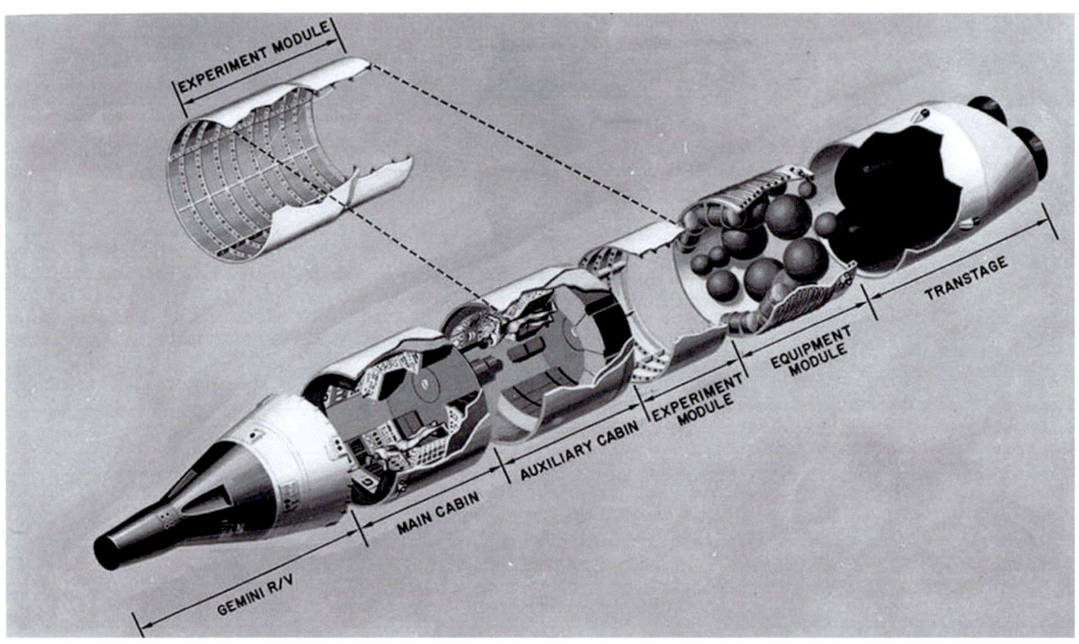

# MOL

Das eigentliche Kernstück des militärischen Geminiprogrammes war die, zusammen mit der Gemini B Kapsel gestartete, militärische Raumstation MOL (**M**anned **O**rbital **L**aboratory). Im USAF-System der Aufklärungssatelliten des Keyhole Programmes erhielt sie später das Kürzel „KH-10". MOL wurde Ende 1963 als Projekt genehmigt. Die ursprüngliche Ausrichtung war die einer experimentellen Raumstation, die prüfen sollte ob Astronauten überhaupt sinnvolle und für das Militär nützliche Tätigkeiten im All durchführen konnten. Schon dies war damals anspruchsvoll, denn die ersten Raumstationen, Skylab und Saljut sollten erst zehn Jahre später in den Orbit gelangen. 1965 mutierte das Projekt zu dem eines riesigen Aufklärungssatelliten, dreimal schwerer als die gerade neu entwickelte GAMBIT-Serie. In der MOL-Raumstation würden die Astronauten ein Teleskop, Codename „DORIAN" betreiben und mit ihm Aufnahmen mit bis zu 10 cm Auflösung (aus 160 km Höhe) gewinnen. Ende 1966 bekam dann MOL noch den Counterpart KH-9 HEXAGON. Ein Satellit von derselben Größe, aber mit der Aufgabe, sehr große Gebiete auf fast 100 km Film in mittlerer Auflösung abzubilden. Damit waren KH-9 und 10 die Nachfolgesysteme für KH 1-4 CORONA (Abbildung großer Gebiete zum Suchen nach Veränderungen/neuen Installationen) und KH 7+8 GAMBIT (Detailaufnahme besonders interessanter Objekte).

Das MOL hätte einen Durchmesser von 3,05 m und eine Länge von 11,24 m gehabt. Ein Teleskop in der Raumstation hätte Aufnahmen von hoher Auflösung ermöglicht. Die manuelle Bedienung durch die Besatzung sollte eine höhere Ausbeute an brauchbaren Aufnahmen ergeben. Der Film wäre in vier Rückkehrkapseln während einer Mission zur Erde zurückgebracht worden, bevor die Besatzung das MOL verlassen hätte. Das Teleskop wurde während der Planung laufend größer. So stieg der Durchmesser des Primärspiegels von 60 auf 70 Zoll (1,52 m bzw. 1,78 m). Die hohe Auflösung machte eine lange Brennweite nötig. Die Kamera konnte daher nicht wie bei den bisher eingesetzten Systemen quer zur Längsachse eingebaut werden. Stattdessen lenkte ein Umlenkspiegel das Licht vom Eingang nach hinten in die Längsrichtung der Raumstation, wo sich der Primärspiegel befand. Genauso arbeitete auch die hochauflösende GAMBIT Kamera. Selbst mit einem gefalteten Strahlengang machte die Kamera den größten Teil des Laborvolumens aus. Die Auflösung von 10 cm war nur die theoretische welche mit der Optik bei einem Überflug am Fußpunkt möglich war. Der Film als Detektor mit der variablen Auflösung abhängig vom Kontrast und Bewegungsunschärfe würde die Auflösung auf 15 cm von oben (maximal) bis 45 cm (von der Seite, minimal) herabsetzen. Sie wäre trotzdem noch viermal besser als die der zweiten Generation der GAMBIT-Aufklärungssatelliten gewesen.

Es gab weitere Unterstützungskameras. Mindestens eine weitere Kamera schaute nach oben zu den Sternen und machte Aufnahmen derer, anhand derer man die Ausrichtung relativ zum Himmel feststellen konnte, eine weitere Kamera schaute parallel zu DORIAN zum Boden, hatte aber eine niedrigere Auflösung und bildete ein größeres Gebiet ab. Anhand ihrer konnte man die Aufnahme im Kontext zuordnen.

Die beiden Astronauten überwachten durch zwei Optiken mit Augenmuscheln die Kamera. Eine zeigte die Szene unterhalb der Station in niedriger Vergrößerung, eine andere zeigte, was die DORIAN-Kamera sah. Jeder Astronaut hatte einen eigenen Blick durch die Kamera. Die manuelle Überwachung durch die Astronauten galt als ein wichtiger Punkt. Denn in 50% der Aufnahmen von Korona bedeckten Wolken die Zielgebiete. Um diese Verschwendung zu minimieren, entwickelte das Militär sogar eigene Wettersatelliten. Später erhöhte man bei den unbemannten Missionen einfach die Filmmenge und machte bei wichtigen Zielen immer eine Aufnahme, in der Hoffnung durch die Wolken gäbe es doch eine Lücke. Die Aufnahmen wurden auf Film gemacht. Das Konkurrenzsystem HEXAGON setzte 125 mm breiten Film ein. Für die große DORIAN-Kamera mit einem großen Bildfeld wird deutlich breiterer Film vermutet, 9 bis 12 Zoll, 22,5 bis 30,5 cm breit. 9 Zoll war damals die Standardgröße bei den Fotoaufklärungsflugzeugen des Militärs.

Nach der Belichtung sollten die Astronauten den Film in eine oder mehrere Rückkehrkapsel(n) in einer kleinen Luftschleuse einbringen, eine Retrorakete anmontieren, die innere Tür der Luftschleuse schließen, die äußere öffnen und die Retrorakete zünden. Die Kapsel wäre dann nach Entfaltung eines Fallschirms beim Sinkflug von umgebauten C-130 „Hercules" Transportmaschinen eingefangen werden. Scheitert dies, so bergen sie Taucher. Diese Bergungspraxis hatten die USA im CORONA-Programm perfektioniert. Deren Kapseln waren aber für eine automatische Bestückung und Aussetzung ausgelegt.

Mindestens fünf Raumstationen waren geplant. MOL sollte modular aufgebaut sein; bestehend aus einem austauschbaren Experimentalteil, der bis zu 2.700 kg an Instrumenten aufnehmen sollte, einer zweiteiligen Mannschaftskabine und einem Versorgungsteil. Ursprünglich bestand MOL aus je einem Drittel Mannschaftskabine, Überwachungs- und Kontrollraum mit dem Teleskop sowie einem Ausrüstungsteil mit den Gasen, Treibstoffen und den Triebwerken. Das erste Konzept hatte in dem Ausrüstungsteil noch einen zweiten Einstiegstunnel. Ob er für ein Rettungsraumschiff oder den Besatzungsaustausch vorgesehen war, ist offen. Es kann auch sein, das er nur zum Absetzen der Filmkapseln diente.

Im Laufe der Zeit wurde MOL immer komplexer und schwerer. Der Tunnel entfiel und der Instrumententeil wurde deutlich größer. Die dritte Stufe der Titan 3C sollte mit der Station verbunden bleiben und die Bahn bei Bedarf korrigieren. Auf den veröffentlichten Bildern war die Gemini Kapsel beim Start schon an MOL angebracht gewesen. Wahrscheinlich wäre jede Station von nur einer Besatzung benutzt worden. Die Startmasse stieg von 11,34 auf 14,47 t, wodurch MOL eine größere Trägerrakete gebraucht hätte, genannt „Titan 3M". Dabei hätte es sich um eine Titan 3C mit verlängerten Boostern gehandelt, welche aus sieben, anstatt fünf Segmenten bestanden.

Die Geminikapsel wurde mit dem MOL-Labor gestartet. Es stand für die Besatzung nur wenig Raum in dem Teil der Station der unter Druck stand („Mission Module") zur Verfügung, da sonst die Station zu schwer gewesen wäre. Je nach Literatur wird diskutiert, wie die Astronauten MOL betreten sollten. Es gibt sowohl die Idee, dass die Besatzung in die Station durch Öffnen der Luken der Gemini und Klettern an Handgriffen bis zur Luftschleuse gelangte, oder wie bei einem Flug getestet, durch einen Tunnel in der Rückkehreinheit inklusive eines herausnehmbaren Hitzeschutzschildes.

Die Missionsdauer ist offen. Die geplanten Stationen hatten keine Solarpaneele, was die Missionsdauer auf maximal 30 Tage begrenzt hätte, wahrscheinlich wären es angesichts der Platzarmut sogar weniger gewesen. Solarpaneele als Stromversorgung für längere Missionen waren als Aufrüstoption geplant.

Die Kosten des Programms stiegen stetig von 1,5 bis auf 3 Milliarden Dollar. Der sich ausweitende Vietnamkrieg machte den Träumen von einer militärisch genutzten Raumstation ein Ende. Im Juni 1969 wurden die Arbeiten an der Raumstation eingestellt. Bis dahin waren 1,4 Milliarden Dollar für MOL ausgegeben worden. Viel mehr als Umbauten an der Startrampe SLC-6 und den Start eines Mockups (1966) gab es bis dahin nicht.

Wesentliche Details des Projektes unterliegen heute noch der Geheimhaltung. Das verwundert, wurde doch das danach angegangene und 1986 eingestellte, also jüngere, KH-9 Projekt im Herbst 2011 aus der Geheimhaltung herausgenommen.

Die Sowjetunion baute dagegen eine militärische genutzte Raumstation unter der Bezeichnung „Almaz" und startete diese zusammen mit zivilen Modellen im Saljut Programm. Almaz hatte eine Gemeinsamkeit mit MOL: Die frühen Stationen waren nicht für eine Versorgung ausgelegt. Sie waren nach Verbrauch der Treibstoffe, der Nahrung und Gasvorräte nutzlos. Auch dieser Aspekt führte wahrscheinlich zur Einstellung des Programmes: Es war schlicht und einfach unökonomisch.

Der KH-9 Satellit zusammen mit dem KH-8 Detailaufklärer boten zusammen die wesentlichen Vorteile von MOL, ohne eine bemannte und teure Raumstation zu bauen. KH-9 arbeitete auch mit Film in vier, später sechs, Rückkehrkapseln. Die Lebensdauer war bedeutend höher als bei MOL und betrug im Durchschnitt 138 Tage, das letzte Exemplar war zwei Jahre lang aktiv. Der einzige Vorteil von MOL gegenüber dem KH-9 war, dass die Besatzung entscheiden konnte, ob es sich lohnte, ein Ziel zu fotografieren. Dies konnte kompensiert werden, indem das Vorgängerprogramm Corona, das größere Gebiete mit niedriger Auflösung ablichten konnte, zuerst weiter betrieben wurde. Später wurden Fernsehkameras in die Satelliten eingebaut auf denen Beobachter in der Missionskontrolle entscheiden konnten, ob es Veränderungen am Boden gab oder Wolken gute

Bilder verhinderten. Das Akronym „KH-10" für MOL wurde niemals neu vergeben. Auf den KH-9 Satelliten folgte das Modell KH-11.

Die US Luftwaffe hatte zum Zeitpunkt der Einstellung der MOL-Entwicklung schon eigene Astronautengruppen für diese militärischen Missionen rekrutiert. Die 17 Astronauten wechselten dann teilweise zur NASA. Robert Crippen wurde erster Copilot einer Shuttle-Mission und flog dreimal ins All. Karol J. Bobko flog auf drei Shuttle Missionen ins All. Gordon C. Fullerton und Robert F. Ovenmeyer absolvierten zwei Shuttle Missionen. Don H. Peterson startete einmal auf der sechsten Space Shuttle Mission ins All. Am höchsten stieg Richard H. Truly auf. Nachdem er Co-pilot von STS-2 und Kommandant von STS-8 war, wurde er 1986 Direktor der Abteilung bemannte Raumfahrt und von 1989-1992 Leiter (Administrator) der NASA.

Wenige Jahre nach dem Ende des MOL Programmes machte die Erfindung des CCD die Benutzung von fotografischem Film zu einer veralteten Technik. Damit wurde eine bemannte Raumstation zu Aufklärungszwecken überflüssig.

Kurz nach der Einstellung von MOL veröffentlichte McDonnell das Ergebnis der „Big-G" oder „Big Gemini" Studie. Dies war das zivile Gegenstück zu MOL. Eine verlängerte und auf 3,98 m Durch-messer verbreiterte Kapsel hätte bis zu neun Astronauten zu einer Raumstation gebracht. Die Astronauten saßen in vier Reihen (2,3,2,2 Astronauten) in der Kapsel, es folgte ein Antriebsmodul und ein begehbares Frachtmodul. Ein Fluchtturm, übernommen von Apollo, war als Rettungs-möglichkeit vorgesehen. Die Landung sollte an einem Paraglider erfolgen. Dieses Raumschiff hätte eine Raumstation mit astronomisch genutzten Teleskopen versorgt. Ein zylindrisches Modul dieser Raumstation sollte 8,54 m lang und 6,58 m durchmessend sein. Die Startmasse wurde auf 18.600 kg geschätzt. Als Trägerraketen wurden die Saturn 1B, Saturn V und Titan 3M untersucht, die Saturn 1B aber verworfen. Das Konzept war somit eine Minimalanpassung des MOL Konzepts für eine große Raumstation. Modernere Systeme sollten später sogar eine Besatzung von 12 Astronauten zulassen.

| KH-10 MOL | |
|---|---|
| Durchmesser: | 3,05 m |
| Gesamtlänge: | 21,91 m |
| Davon Gemini-Raumschiff: | 3,45 m, mit Adapter 4,88 m |
| Davon Drucksektion: | 2,50 bis 3,83 m Länge, 3,17 m Durchmesser |
| Davon Kamera | 11,94 m |
| Gewicht: | 14,47 t |
| Missionsdauer | Maximal 30 Tage |

*Abbildung 57: Erprobung des Gemini B Raumschiffs beim ersten Titan 3C Flug am 3.11.1966 (Bild: NASA)*

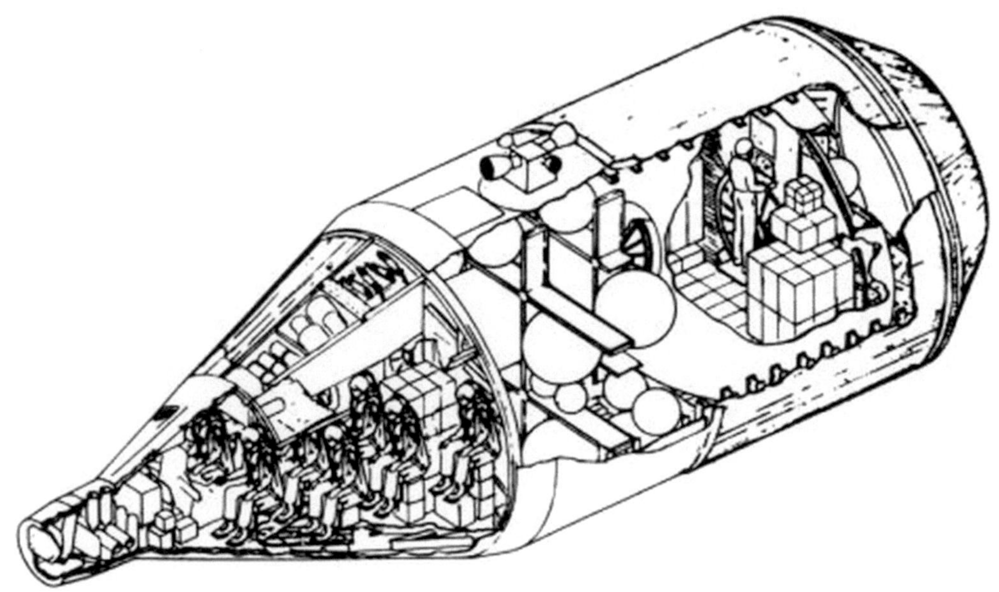

*Abbildung 58: „Big Gemini" Studie von McDonnell für eine Neun-Mann-Besatzung (Bild: McDonnell)*

## Mit Gemini zum Mond

Die NASA beschäftigte sich auch mit der Möglichkeit, eine Gemini Kapsel zum Mond zu befördern. Es gab dafür zwei Gründe. Zum einen war zu Beginn des Programms durchaus nicht sicher, ob mit Apollo rechtzeitig zum Ende des Jahrzehnts eine Mondlandung möglich sein würde. Die Gemini Kapsel würde einige Teile von Apollo erproben, eine Mondumrundung wäre mit der Titan 3C möglich und eine Mondumkreisung mit einer stärkeren Trägerrakete möglich.

Eine zweite Intention für das Programm war die Unkenntnis des sowjetischen Programms: Die Sowjets hatten nach den Wostok Flügen in schneller Folge erst eine Pause gemacht, dann folgten kurz hintereinander Woschod 1+2. Bis zu diesem Zeitpunkt waren die Sowjets führend bei der Flugdauer im Orbit und der Komplexität der Mission. Wären sie bei diesem Tempo nicht in der Lage, vor der NASA den Mond zu umrunden oder in eine Umlaufbahn einzuschwenken? Welche Folgen hätte dies für die öffentliche Unterstützung für die NASA und das Apollo-Programm bedeutet? Mit Gemini gab es die Gelegenheit, mit einem schon existierenden Raumschiff hier die Sowjets zu schlagen.

Die meisten Vorschläge betrafen die Möglichkeit, Gemini in hohe Erdorbits oder auf einen Mondumflugkurs zu bringen, indem das Raumschiff an eine Oberstufe in der Umlaufbahn andockte oder gleich mit einer stärkeren Trägerrakete (so wurde ein Start mit der Saturn 1B vorgeschlagen) startete.

Den ersten Vorschlag gab es schon, als im August 1961 der erste Vorschlag für das Gemini Programm erfolgte – damals noch unter der Bezeichnung Mercury Mark II. Die NASA entwickelte auch die Centaur Oberstufe, und es schien möglich, das Mercury Mark II Raumschiff mit einer Centaur Oberstufe in eine hochexzentrische Umlaufbahn zu befördern. Weitergehende Vorschläge sahen den Start eines 4.350 kg schweren Landers mit einer Atlas Centaur in den Erdorbit vor. Auch Kopplungstests mit Gemini, gefolgt von Ankopplungen an zwei Centaur Oberstufen für einen Mondumflug, wurden angedacht. Erst spät in dem Programm wäre eine Saturn C-3 (ein damals geplantes Mitglied der Saturn Familie mit nur zwei F-1 Triebwerken in der ersten Stufe und 36,3 t Nutzlast für einen Erdorbit) eingesetzt worden, um eine bemannte Mondlandung zu versuchen.

Diese Vorschläge für ein Gemini Programm, das Apollo praktisch ersetzt hätte, wurde bald wieder verworfen, denn die Kapsel wurde bald zu schwer für die Centaur, die mit einer Atlas gestartet werden sollte. Sie hat schon mehr als den halben Treibstoff verbraucht, wenn sie in der Erdumlaufbahn angekommen ist. Zudem verzögerte sich die Entwicklung der Centaur und die ersten operationellen Flüge fanden erst nach den ersten Gemini Flügen statt. Die NASA hatte sich auf das Apollo-Programm für die Mondlandung festgelegt. Gemini war unersetzlich um Apollo durchführen zu können, weil Apollo auf den Erfahrungen von Gemini aufbaute, aber Gemini sollte Apollo keine Konkurrenz machen. Aufgrund dessen hatten auch andere Vorschläge für Erweiterungen von Gemini nur Chancen, wenn sie in das Konzept von Apollo passten.

Von diesen Studien wurde nur ein Vorschlag ernsthaft verfolgt: die Mondumkreisung mit einer Gemini Kapsel. Eine Titan 3C hätte eine zusätzliche Transtage („Double Transtage") in einen Erdorbit befördert. Diese Transtagestufe war mit einem Kopplungsadapter ausgestattet, der ein Nachbau des Agena Adapters war. Sie verfügte aber, um Gewicht zu sparen, über keinerlei Navigationseinrichtungen und keine Steuerung. Die „normale" Transtage beförderte diese zweite Transtage in einen Erdorbit. Da die Nutzlast der Titan 3C bei 13.000 kg für einen niedrigen Erdorbit lag, eine Transtage etwa 12.100 kg wog, verblieb so noch Resttreibstoff. Mit diesem koppelt die erste Transtage an die separat mit einer Titan 2 gestartete Gemini Kapsel an und richtet diese aus für die Zündung. Danach wurde sie abgetrennt und die zweite Transtage vom Gemini Raumschiff aus gezündet. Sie hätte genug Leistung gehabt, um die Kapsel um 3.600 m/s zu beschleunigen und auf einen Kurs zum Mond zu bringen.

Das Raumschiff hätte dazu erheblich leichter werden müssen und durfte nur noch etwa 3.000 kg wiegen. 521 kg Gewicht sollten eingespart werden. Die Hälfte durch das Weglassen der Feststoffraketen für den Wiedereintritt. Diese waren nicht nötig, da die Umrundung des Mondes so gelenkt werden kann, dass die Kapsel nach Passage des Mondes in die Erdatmosphäre eintritt. Weiterhin sollte Treibstoff eingespart werden, das Antriebssystem aber zuverlässiger werden, da eine höhere Zuverlässigkeit erforderlich war, aufgrund der geringeren Reserven. Das Funksystem sollte nur noch das S-Band verwenden, da die Datenrate sonst rapide gesunken wäre. Die Kapsel wäre um 50 cm verkürzt worden und die Ausrüstungseinheit hätte drei anstatt sechs Brennstoffzellen eingesetzt.

Das Konzept soll vom Astronauten Pete Conrad mit ausgearbeitet und auch vorgestellt worden sein. Geplant war im Anschluss an das Gemini Programm zuerst der unbemannte Test einer Gemini Kapsel, die mit einer Titan 3C auf eine Geschwindigkeit von 11 km/s gebracht worden wäre. Da die Kapsel mit einer normalen Titan 3C (ohne zweite Transtage) gestartet werden sollte, dürfte sie nur 2.450 kg wiegen. Das sollte jedoch ausreichen den Hitzeschutzschild zu erproben, der doppelt so viel Energie abführen musste, wie bei der Rückkehr aus einem Erdorbit.

Dem sollte ein bemannter Erprobungsflug in einem hochelliptischen Erdorbit folgen. Der dritte Flug sollte dann zum Mond führen. Geplant waren diese für Dezember 1966 sowie Februar und April 1967. Die drei Flüge hätten rund 350 Millionen Dollar zusätzlich gekostet. Das wäre zwar ein Viertel der Aufwendungen für Gemini gewesen, aber nur so viel wie ein einzelner Apollo Flug kostete. Pete Conrad konnte auch den Kongress für das Projekt interessieren. James Webb, NASA Administrator, wollte jedoch kein Mondumrundungsprogramm und informierte Conrad, dass alle vom Kongress bewilligten Mittel für dieses Projekt eingesetzt würden, um Apollo zu beschleunigen.

Pete Conrad bekam aber die Erlaubnis bei seinem Gemini 11 Flug mit der angekoppelten Agena eine Rekordhöhe anzustreben. Eugene Cernan berichtet in seinen Memoiren von einem ähnlichen Programm einer Mondumrundung, das in der frühen Projektphase für Gemini 12 vorgesehen war, wenn alle Flüge vorher problemlos erfolgt waren. Wahrscheinlich handelt es sich um dasselbe Projekt, auch wenn Cernan von einer vergrößerten Agena spricht, die von der Titan 3C gestartet werden sollte. Auch hätte dieser Flug noch Bestandteil von Gemini sein sollen. (Eine Agena C mit doppelt so großen Tanks wie die Agena B war in der Tat geplant, sie hätte die gleichen Leistungen wie die Transtage aufgewiesen). Cernan war froh, dass es nicht zu diesem Flug kam, den er – wahrscheinlich zu Recht – als sehr riskant ansah.

Eine weitere Studie schlug vor, die Gemini als Rettungsraumschiff und für eine Versorgung im Mondorbit einzusetzen. Diese Studie aus dem Jahr 1962 basierte noch auf der Vorstellung, dass im Mondorbit (genauso wie im Erdorbit) ein Reserve/Rettungssystem benötigt würde, wenn es irgendwelche Probleme mit dem Apollo-Raumschiff gäbe. McDonnell untersuchte, was an der Kapsel geändert werden müsste, und das Ergebnis war, dass die dafür notwendigen Aufwendungen den Nutzen weit überschreiten würden.

# Startliste

| Mission | Startdatum | Träger | Missionsdauer | Besatzung (Kommandant / Copilot) | Gewicht |
|---|---|---|---|---|---|
| Gemini 1 | 8.4.1964 | Titan 2 | 4 h 50 m | Unbemannt | 5.170 kg* |
| Gemini 2 | 19.1.1965 | Titan 2 | 18 m 16 s | Unbemannt | 3.132 kg |
| Gemini 3 | 23.3.1965 | Titan 2 | 4 h 52 m | Gus Grissom / John Young | 3.237 kg |
| Gemini 4 | 3.6.1965 | Titan 2 | 4 d 1 h 56 m | James McDivitt / Edward White | 3.574 kg |
| Gemini 5 | 21.8.1965 | Titan 2 | 7 d 22 h 55 m | Gordon Cooper / Charles Conrad | 3.605 kg |
| GATV 6 | 25.10.1965 | Atlas-Agena D | 6 m 16 s | | 3.261 kg |
| Gemini 6A | 12.12.1965 | Titan 2 | 1 d 1 h 51 m | Walter Schirra / Tom Stafford | 3.546 kg |
| Gemini 7 | 4.12.1965 | Titan 2 | 13 d 18 h 35 m | Frank Borman / James Lovell | 3.663 kg |
| GATV 8 | 16.3.1966 | Atlas-Agena D | 10 d / 548 d | | 3.175 kg |
| Gemini 8 | 16.3.1966 | Titan 2 | 10 h 41 m | Neil Armstrong / David Scott | 3.789 kg |
| GATV 9 | 17.5.1966 | Atlas-Agena D | 7 m 6 s | | 3.252 kg |
| ATDA | 1.6.1966 | Atlas E | 40 d | | 794 kg |
| Gemini 9A | 3.6.1966 | Titan 2 | 3 d 20 m | Tom Stafford / Eugene Cernan | 3.750 kg |
| GATV 10 | 18.7.1966 | Atlas-Agena D | 4 d / 163 d | | 3.175 kg |
| Gemini 10 | 18.7.1966 | Titan 2 | 2 d 22 h 46 m | John Young / Mike Collins | 3.762 kg |
| GATV 11 | 12.9.1966 | Atlas-Agena D | 3 d / 108 d | | 3.175 kg |
| Gemini 11 | 12.9.1966 | Titan 2 | 2 d 23 h 17 m | Charles Conrad / Richard Gordon | 3.798 kg |
| GATV 12 | 11.11.1966 | Atlas-Agena D | 3 d / 41 d | | 3.175 kg |
| Gemini 12 | 11.11.1966 | Titan 2 | 3 d 22 h 34 m | James Lovell / Edwin Aldrin | 3.762 kg |
| OV4 | 3.11.1966 | Titan 3C | | | 9.680 kg |

Der Flug OV4 war ein Testflug für MOL, bei dem die Gemini 2 Kapsel als „Gemini B" erneut gestartet wurde. Bei Gemini 1 umfasst das Startgewicht auch die Titan Zweitstufe, die nominell leer 2.404 kg wiegt. Bei den Agena-Zielkörpern ist als Missionsdauer die aktive Zeit, in der Manöver durchgeführt wurden, sowie die Verweilzeit im Orbit angegeben.

# Abkürzungsverzeichnis

**Aerozin-50**: Mischung von 50 % Hydrazin und 50 % unsymmetrischem Dimethylhydrazin.

**AMU**: Astronaut Maneuvering Unit. Ein tragbarer Rucksack mit einem eigenen Lebenserhaltungssystem und Antriebssystem. Er sollte den Astronauten mehr Mobilität ermöglichen und wurde bei Gemini 9A erprobt.

**Apogäum**: Fachausdruck für den erdfernsten Punkt einer Erdumlaufbahn. Bei Gemini 11 wurde ein Apogäum von 1.390 km erreicht.

**ATDA**: Augmented Target Docking Adapter. Ein weiteres Kopplungsziel für Gemini, welches anders als der GATV keine Bahnveränderungen durchführen konnte. Der einzige ATDA wurde für die Gemini 9 Mission gestartet.

**CCD**: Charge Coupled Device: Ein Detektor aus dotiertem Silizium mit lichtempfindlichen Zellen. Gegenüber fotografischem Film ist ein CCD bei gleicher Größe eines Bildelements erheblich lichtempfindlicher.

**DoD**: Department of Defense. Das US-Verteidigungsministerium

**GATV**: Gemini Agena Target Vehicle. Das unbemannte Kopplungsziel für Gemini. Es bestand aus einer Agena D Oberstufe, umgerüstet für einen längeren Betrieb und zusätzlichen Sicherheitssystemen und einem Kopplungsadapter zur Gemini.

**EVA**: Extra-vehicular Activity. Arbeiten in einem Raumanzug außerhalb des Raumfahrzeugs. Im Rahmen des Gemini Programms wurden EVA bei Gemini 4 sowie 8 bis 12 durchgeführt. Nur der erste und letzte Einsatz erfüllte alle Vorgaben.

**GLV**: Gemini Launch Vehicle. Die Titan 2 Trägerrakete.

**MCC**: Mission Control Center. Die Missionen wurden vom MCC in Houston, Texas, betreut und geplant. Es übernahm ab Gemini 4 die Kontrolle, sobald die Titan den Startturm verlassen hatte.

**MDS**: Malfunction Detection System. Eine Elektronik an Bord der Titan 2, welche kritische Parameter der Rakete überwachte und bei Abweichungen vom Sollbereich eine Signalleuchte („Abort") in der Kapsel aktivierte. Die Besatzung konnte dann die Abtrennung der Kapsel oder ein Herauskatapultieren auslösen.

**MMH**: Monomethylhydrazin. Eine chemische Substanz aus der Gruppe der Hydrazine, welche oft als Raketentreibstoff eingesetzt wird. Gemini verwandte MMH als Treibstoff im Raumschiff.

**MOL**: Manned Orbital Laboratory. Projekt einer bemannten Raumstation der US Luftwaffe von 1963-1969. Es wurde im Juni 1969 wegen der ausufernden Kosten des Vietnamkriegs eingestellt.

**OAMS**: Orbit Altitude and Manoever System. Das Antriebssystem in der Ausrüstungseinheit, mit dem die Astronauten die räumliche Lage der Kapsel im Orbit wie auch Änderungen des Orbits selbst durchführte.

**Perigäum**: Fachausdruck für den erdnächsten Punkt einer Bahn. Die erste Umlaufbahn hatte bei Gemini meist ein Perigäum in nur 160 km Höhe.

**PSI**: Pound per Square Inch: Einheit für den Druck. 1 psi entspricht 7.030 hPa. 14,3 psi entsprechen dem Luftdruck auf Meereshöhe.

**POGO**: Abkürzung von „Pogo stick", einem Springstock. Gefürchtete Schwingungen in Achse des Schubs, die zum Abreißen des Treibstoffflusses und zum Ausfall von Triebwerken führen können. Ursache ist kurzzeitiger Überdruck in der Brennkammer (z.B. Verbrennungsinstabilität), welcher den Druck in den Treibstoffleitungen ansteigen lässt und damit die Treibstoffförderung vermindert. In der Folge sinkt der Brennkammerdruck. Wenn dieser Zyklus die Resonanzfrequenz der Rakete trifft, findet positive Rückkopplung und damit Verstärkung des Effekts statt.

**REP**: Rendezvous Evaluation Pod. Ein 35 kg schwerer Tochtersatellit von Gemini 5, welcher als Rendezvousziel ausgesetzt wurde.

**RCS**: Reentry Control Systems. Triebwerke in der Wiedereintrittseinheit, welche die Fluglage fein justieren.

**SLV**: Standard Launch Vehicle. NASA Abkürzung für die Trägerraketen. SLV 1: Scout; SLV 2: Thor; SLV 3: Atlas; SLV 4: Titan 2; SLV 5: Titan 3.

**UDMH**: Unsymmetrisches Dimethylhydrazin: Eine chemische Substanz aus der Gruppe der Hydrazine, welche oft als Raketentreibstoff eingesetzt wird. Enge Verwandte sind MMH (Monomethylhydrazin) und Hydrazin.

**USAF**: US Air Force. Die Luftwaffe der Vereinigten Staaten von Amerika. Sie ist zuständig für die Interkontinentalraketen und startet auch eigene Satelliten. Bei Gemini war die USAF durch die Agena Oberstufen und das Startgelände mitbeteiligt.

# Weblinks

**NASA SP-4203: „On the Shoulders of Titans: A History of Project Gemini"**: Die wohl umfassendste Chronik des Gemini Projektes. Im Web verfügbar unter der Adresse: http://history.nasa.gov/SP-4203/toc.htm

**NASA SP-4002: „Project Gemini Technology and Operations – A Chronology"**: geschichtlicher Ablauf des Gemini Programmes, als Zeitlinie. http://history.nasa.gov/SP-4002/cover.htm

**Logsdon, John M, Roger D. Launius. „Exploring the Unknown: Selected Documents in the History of the U.S. Civil Space Program, Volume VII: Human Spaceflight: Project Mercury, Gemini, and Apollo"**. NASA SP-2008-4407, 2008 Band 2. Im Web verfügbar unter der Adresse: http://history.nasa.gov/SP-4407vol7Chap1-Docs.pdf

**National Space Science Data Center**: Website der NASA mit Kurzinformationen zu Satelliten und Raumfahrzeugen. http://nssdc.gsfc.nasa.gov/nmc/SpacecraftQuery.jsp

**JSC Digital Image Collection**: Bilddatenbank des Johnson Space Centers. Sehr viele Fotos auch aber in begrenzter Qualität. http://images.jsc.nasa.gov/luceneweb/browse.jsp

**Greatest Images of NASA**: Eine Bilddatenbank von sehr guten Aufnahmen teilweise in sehr hoher Qualität, aber kleinerer Auswahl. http://grin.hq.nasa.gov/

**Project Gemini familiarization manual**: grundlegende Beschreibung der Kapsel und des Andocksystems. http://en.wikisource.org/wiki/NASA_Project_Gemini_Familiarization_Manual

**NASA Project Gemini familiarization manual Supplement Long Range and Modified Configurations**: genaue Beschreibung der Anpassungen des Raumschiffs an Langzeitflüge.

**NASA Project Gemini familiarization manual Supplement Rendezvous and Docking Configurations**: genaue Beschreibung der Anpassungen des Raumschiffs an die Rendezvous und das Andocken.

**Project Gemini – A Technical Summary**: detaillierte Beschreibung des Raumfahrzeugs und des ATDA.

**Gemini Virtual Exhibit**: Website mit Originaldokumenten von McDonnell und einigen seltenen Fotos. http://www.umsl.edu/~whmc/exhibits/gemini/index.htm

**Gemini Spacecraft Study for MORL Ferry Missions**: Untersuchungen des Einsatzes von Gemini-B für das MOL.
http://ntrs.nasa.gov/archive/nasa/casi.ntrs.nasa.gov/19750069218_1975069218.pdf

**NASA-CR-111195: „Gemini Spacecraft Propulsion Systems Specification"**: Beschreibung der verschiedenen Antriebssysteme der Kapsel.

**Project Gemini final report – Summary:** Zusammenfassung der Computeroperationen am Boden aus Sicht von IBM. http://hdl.handle.net/2060/19680020624

**Flight planning study - review of gemini flight plans**: Ergebnisse der Flugplanung von Gemini. http://hdl.handle.net/2060/19790072054

*Abbildung 59: Gemini 11 Kapsel vor dem Start*

# Literaturhinweise

**David Shayler: „Gemini Steps to the Moon"** ISBN 978-1852334055: mit rund 420 Seiten das umfangreichste Buch zu Gemini, das ich kenne. Es behandelt viele Themen weitaus ausführlicher als dieser kleine Band, so die Vorgeschichte von Gemini, das Projekt, die Experimente, Missionen, die ganzen Aktivitäten am Boden. Mit vielen Tabellen und Biografien.

**David A. Mitchell: „Digital Apollo"** ISBN 0262134977: Ein Buch nicht nur über den Apollo Guidance Computer (AGC), sondern auch über die Entwicklung der Elektronik in Experimentalflugzeugen und Raumschiffen bis zum AGC von Feedbacksystemen über den Bordcomputer in Gemini.

**Chris Kraft: „Flight – My Life in Mission Control"**: ISBN 0452283043: Die Biografie des Missionsleiters Chris Kraft deckt vor allem das Mercury Programm und das frühe Gemini Programm ab. Danach steig er eine Stufe in der Karriereleiter auf und gab seinen Platz an Gene Kranz ab.

**Gene Kranz: „Failure is not an option"** ISBN 1439148813: Ergänzt daher sehr gut die Biografie von Chris Kraft und geht auf Gemini und Apollo näher ein. Beide Bücher sind sehr wertvoll, weil sie einen Einblick in die Geschehnisse am Boden geben. Dazu gehören nicht nur kritische Momente, sondern auch die vielen Routinetätigkeiten und Simulationen.

**Eugene Cernan: „The Last Man on the Moon"** ISBN 0312263511: Die Biografie des Astronauten Eugene Cernan beschreibt sehr ausführlich das Leben der Astronauten, das Training, die Belastung der Familien und natürlich auch die Gemini Missionen, an denen er aktiv oder als Backup beteiligt war.

**James R. Hansen: „First Man: The life of Neil A. Armstrong"** ISBN 0743257510 : Ist eine sehr ausführliche Biografie von Neil Armstrong, bei der auch die dramatischen Momente der Gemini 8 Mission wieder lebendig werden.

**David Scott, Alexej Leonow: „Zwei Mann im Mond"** ISBN 343015975: Eine gemeinsame Biografie von David Scott und Alexej Leonow betrachtet das frühe Raumfahrtprogramm aus zwei Perspektiven. Der Wettlauf zum Mond und die eingegangenen Risiken führten bei beiden Autoren zu Fast-Katastrophen. Das Buch zeigt aber auch, das vieles Kosmonauten und Astronauten verband und dass sie sich nie als Gegner, sondern als Konkurrenten sahen.